环氧化物重排制备醛、酮及其催化体系

勾明雷 / 著

中国原子能出版社

图书在版编目（CIP）数据

环氧化物重排制备醛、酮及其催化体系 / 勾明雷著.
--北京：中国原子能出版社，2021.10
ISBN 978-7-5221-1615-0

Ⅰ.①环…　Ⅱ.①勾…　Ⅲ.①环氧化物—重排反应
Ⅳ.①O623.42

中国版本图书馆 CIP 数据核字（2021）第 210979 号

内 容 简 介

本书共分为 5 章。第 1 章主要介绍了各类环氧化物重排制备醛、酮及其相应催化体系的研究进展；第 2 章主要介绍了氧化苯乙烯液相重排制备苯乙醛，探究了溶剂效应和催化剂的酸性对液相重排反应的影响，选取反应温度、反应时间、催化剂用量、溶剂用量为影响因素，以苯乙醛的产率为响应值，采用 2_{IV}^{4-1} 部分因子实验设计方法，对反应条件进行了优化；第 3～5 章主要介绍了氧化苯乙烯气相重排制备苯乙醛，在无溶剂条件下，以 N_2 为载气，分别介绍了不同硅铝比 ZSM-5 沸石、磷改性 ZSM-5 沸石、碱处理 ZSM-5 沸石的酸性和孔道结构对气相重排反应的影响，并对失活催化剂表面的积碳和失活机理进行了研究。

环氧化物重排制备醛、酮及其催化体系

出版发行	中国原子能出版社(北京市海淀区阜成路 43 号　100048)
责任编辑	白皎玮
责任校对	冯莲凤
印　　刷	三河市德贤弘印务有限公司
经　　销	全国新华书店
开　　本	710 mm×1000 mm　1/16
印　　张	12.375
字　　数	196 千字
版　　次	2022 年 3 月第 1 版　2022 年 3 月第 1 次印刷
书　　号	ISBN 978-7-5221-1615-0　　定　价　168.00 元

网址：http://www.aep.com.cn　　E-mail：atomep123@126.com
发行电话：010-68452845

前　言

　　醛、酮是一类重要的化工原料和合成中间体,广泛应用于医药、食品、香料、树脂、染料等行业。醛、酮的制备方法主要有氧化法和还原法。氧化法主要以醇、卤化物、烯烃、炔烃、胺、芳脂烃等为原料,经氧化反应制备。还原法是通过羧酸、酰氯、腈、酯、酰胺、酚等的还原反应来制备。醛、酮的氧化还原性处于醇和羧酸之间,因此无论是氧化法或还原法,都需要选择恰当的条件,防止过度氧化或还原,以使反应停留在醛、酮的阶段。但是,无论是氧化法还是还原法,醛、酮都不可避免地要与氧化剂或还原剂接触,很难控制反应的进度,从而生成大量的副产物。研究表明,环氧化物在酸性催化剂下能够发生重排生成醛或酮,这是一类原子经济性反应,理论上不产生任何副产物,还避免了醛、酮继续被氧化或还原,产物的选择性较高。各类环氧化物可由相应烯烃经环氧化反应得到,因此由环氧化物制备醛、酮的工艺路线引起了人们的重视。

　　本书共分为 5 章,第 1 章主要介绍了各类环氧化物重排制备醛、酮及其相应催化体系的研究进展;第 2 章主要介绍了氧化苯乙烯液相重排制备苯乙醛,探究了溶剂效应和催化剂的酸性对液相重排反应的影响,选取反应温度、反应时间、催化剂用量、溶剂用量为影响因素,以苯乙醛的产率为响应值,采用 2_{IV}^{4-1} 部分因子实验设计方法,对反应条件进行了优化;第 3~5 章主要介绍了氧化苯乙烯气相重排制备苯乙醛,在无溶剂条件下,以 N_2 为载气,分别介绍了不同硅铝比 ZSM-5 沸石、磷改性 ZSM-5 沸石、碱处理 ZSM-5 沸石的酸性和孔道结构对气相重排反应的影响,并对失活催化剂表面的积碳和失活机理进行了研究。

　　本书的出版得到河南省科技攻关项目(批准号:182102310795)和河南科技大学博士科研启动基金项目(批准号:4008-13480049)的资助。

　　由于作者水平有限,书中难免存在疏漏和不足之处,望广大读者和专家给予批评指正。

作　者

2021 年 7 月

目 录

第1章　环氧化物重排制备醛、酮及其催化剂的研究进展

1.1　引　言

醛、酮是一类重要的化工原料和合成中间体,广泛应用于医药、食品、香料、树脂、染料等行业。例如,甲醛、乙醛、丙烯醛等是制备各种树脂的重要原料[1];苯甲醛、苯乙醛、月桂醛(十二醛)等被广泛用来配制多种香料[2],此外苯乙醛还能用于制备药物、杀虫剂、杀菌剂和除草剂等[3];丙酮、环己酮等是工业上重要的溶剂,另外环己酮还是制备己内酰胺和己二酸的主要中间体[4]。

醛、酮类化合物的制备方法主要有氧化法和还原法[5]。氧化法主要以醇、卤化物、烯烃、炔烃、胺、芳脂烃等为原料,经氧化反应制备;还原法是通过羧酸、酰氯、腈、酯、酰胺、酚等的还原反应来制备。醛、酮的氧化还原性处于醇和羧酸之间,既可以继续氧化生成相应的羧酸,又可以被还原生成相应的醇,因此无论是氧化法或还原法,都需要选择恰当的条件,防止过度氧化或还原,以使反应停留在醛、酮的阶段。

但是,无论是氧化法,还是还原法,反应生成的醛、酮不可避免地要与氧化剂或还原剂接触,继续发生氧化或还原反应,很难控制反应的进度,从而生成了大量的副产物。因此,开发一种能够高活性、高选择性地制备醛、酮类化合物的工艺路线成为人们研究的热点。

环氧化物又叫环醚,最常见的环醚有三元环醚、四元环醚、五元环醚等,例如,环氧乙烷、1,2-环氧环己烷是三元环醚,1,3-环氧丙烷是四元环醚,1,4-环氧丁烷是五元环醚。由于三元环醚的张力能最大,也最容易打开,可以与很多不同种类的试剂发生开环反应:它既可以与亲电试剂反应,也可以与亲核试剂反应;它既可以在酸性条件下发生重排,也可

以在碱性条件下发生重排；它既可以被还原剂还原，也可以被氧化剂氧化[6]。其他多元环醚（如四元环醚、五元环醚、六元环醚）比较稳定，反应活性不大。本书也只涉及三元环醚的反应，下面提及的环氧化物也都是特指三元环醚。

研究表明，环氧化物在酸性催化剂下发生重排主要生成了酮或醛，而在碱性催化剂下发生重排主要生成了烯丙醇化合物[7]。尤其是环氧化物在酸性催化剂下的重排，这是一类原子经济性反应，理论上不产生任何副产物，还避免了醛、酮被氧化或还原而生成大量的醇或羧酸等副产物，醛、酮的选择性通常较高。所以，随着环氧化物来源的逐渐广泛[8]，由环氧化物制备醛、酮的工艺路线引起了人们的重视。

环氧化物在酸性催化剂上的重排反应如图1-1所示，为碳正离子机理[9]：首先，环氧化物的三元环具有较高的极性和张力，在B酸或L酸作用下，很容易发生开环，生成碳正离子的中间产物；随后，邻近碳原子上的基团（-H或-R₁）发生迁移，生成相应的醛或酮。其中，R₁、R₂可以是-H、烷基、环烷基、芳基、烯丙基、酰基、烷氧基、甲硅烷氧基、硝基等。当取代基为芳基或含有叔碳原子的烷基或环烷基时，碳正离子的中间体会更加稳定，相应环氧化物的反应活性较大，更容易发生重排反应。

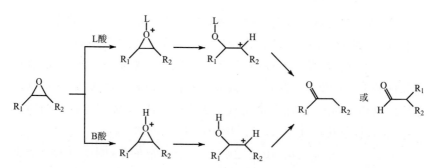

图1-1　环氧化物在酸性催化剂下重排生成醛、酮类化合物

醛、酮的性质较活泼，很容易发生羟醛缩合或聚合等副反应，生成一些大分子的聚合物，沉积在催化剂表面并形成积碳，导致催化剂快速失活[3]。先前，人们对均相催化剂进行了大量的研究，如无机酸[10,11]、金属卤化物[12-16]、金属有机化合物[17-27]等，尽管一些均相催化剂的活性和选择性都很高，在室温下就能催化环氧化物发生重排生成相应的醛、酮类化合物，但是均相催化剂不容易分离、回收和循环利用，还容易造成一定的环境污染,因此人们逐渐开始转向非均相固体酸催化剂的研究。下面将就环氧化物重排制备醛、酮所用固体酸催化剂的研究现状进行讨论。

1.2　非沸石类固体酸催化剂

1.2.1　负载型固体酸

负载型固体酸是把催化剂的活性组分(B 酸或 L 酸)负载到载体表面而制成的一类非均相催化剂,常用的 B 酸有 H_2SO_4、HCl、HNO_3、磺酸等,常用的 L 酸有卤化物、高氯酸盐、硫酸盐、硅酸盐等。

1975 年,Arata 等人[28]考察了一系列负载型 B 酸催化剂(如 H_3PO_4/SiO_2、H_2SO_4/SiO_2、HCl/SiO_2 等)在 1-甲基环己烯氧化物重排反应[式(1-1)]中的催化活性,作者发现强酸中心具有更高的催化活性和 2-甲基环己酮的选择性,但是随着酸量的减少,催化剂的寿命有所下降。

$$\xrightarrow[\text{甲苯108 ℃, 30 min}]{\text{负载B酸}} \tag{1-1}$$

$LiClO_4$ 及其负载催化剂[29,30]能够催化芳基和含有叔碳原子的烷基或环烷基环氧化物发生重排反应,高选择性地生成相应的醛、酮类化合物,而其他类型的环氧化物在其上的活性较弱,例如式(1-2)所示。只有含叔碳原子的三元环发生了重排反应,而不含叔碳原子的三元环没有变化,这是因为芳基和叔碳原子能够使碳正离子的中间产物更加稳定,环氧化物的三元环更容易打开。研究发现,只有 $LiClO_4$ 才具有较高的催化活性和选择性,而其他金属的高氯酸盐的活性较低,这是因为 Li^+ 的半径较小,具有很强的极化性,与 ClO_4^{-1} 结合产生了较强的 L 酸性。

$$\text{(1-2)}$$

硫酸盐是一类典型的固体酸催化剂,如 $CaSO_4$、$MnSO_4$、$NiSO_4$、$CuSO_4$、$CoSO_4$、$CdSO_4$、$SrSO_4$、$ZnSO_4$、$MgSO_4$、$FeSO_4$ 等,都呈现不同强度的 L 酸性。Arata 等人[31]研究了 $FeSO_4$、$NiSO_4$ 在 1-甲基环己烯氧化物重排反应中的催化性能,这些硫酸盐除了酸性,还呈现一定的碱性,因此在重排反应过程中有烯丙醇化合物的生成,使得 2-甲基环己酮的选择性较低。

硅酸盐是一种由硅、氧与其他金属元素(如 Al、Fe、Ca、Mg、K、Na等)组成的化合物,是构成岩石和土壤的主要成分。其基本结构单元为硅氧四面体,硅氧四面体再以链状、双链状、片状的方式连接起来,形成不同的三维结构。天然硅酸盐(如海泡石、坡缕石、高岭石、埃洛石、叶腊石等)表面同时具有一定数量的 B 酸位和 L 酸位,它们都可以作为环氧化物发生重排反应的活性中心,在催化氧化苯乙烯的重排反应过程中[如式(1-3)所示],生成苯乙醛的收率几乎可达 100%;而硅酸镁、氧化镁、氧化铝、氧化硅在相同条件下催化此反应,只生成了少量的苯乙醛。作者认为这是因为天然硅酸盐中同时含有 B 酸位(Si—OH)和 L 酸位(Al^{3+}),它们在催化环氧化物的重排反应中,具有协同效应,相互促进了重排反应的进行;而硅酸镁、氧化镁、氧化铝、氧化硅等只含有单一的 B 酸或 L 酸,且酸性较弱,因此催化重排反应的活性较低[32]。

$$\text{(1-3)}$$

1.2.2　金属氧化物

在催化领域,金属氧化物经常作为主催化剂、助催化剂或载体而被广泛应用。可以作为主催化剂的金属氧化物大致可分为主族金属氧化物和过渡金属氧化物,主族金属氧化物有碱土金属氧化物、氧化铝、氧化硅等,它们都具有不同程度的酸性,能够催化碳正离子机理的反应;而在过渡金属氧化物中,金属离子的价态容易发生变化,广泛用于氧化、脱氢、加氢、聚合等反应,但是它们还具有一定的 L 酸性。

氧化硅表面含有大量的 B 酸位(Si—OH),但是它们的酸性都较弱,不足以催化环氧化物的重排反应[32];而氧化铝表面同含有一定的酸性位和碱性位,在环氧化物的重排反应中,往往有烯丙醇化合物的生成,醛、酮的选择性较低[31]。

硅铝凝胶(SiO_2-Al_2O_3)表面具有比 SiO_2、Al_2O_3 都强的酸性位,在催化芳基环氧化物的重排反应中,往往具有较高的活性和选择性,但是较惰性的烷基环氧化物在其上的反应活性较差[32,33]。例如,氧化苯乙烯在 SiO_2-Al_2O_3(13wt% Al_2O_3)上发生重排生成苯乙醛的产率可达100%,而 1-甲基环己烯氧化物在 SiO_2-Al_2O_3(15wt% Al_2O_3)上的催化活性较弱,在 100 ℃的甲苯溶剂中反应 2 h 的转化率只有 42%。

一些过渡金属氧化物,如 Fe_2O_3[32]、ZnO[28]、TiO_2-ZrO_2[31]、WO_3[34]等,也被用于催化环氧化物的重排反应,只是 Fe_2O_3、ZnO 表面的酸性位较弱,反应的活性较低;TiO_2-ZrO_2 表面同时含有酸性位和碱性位,重排反应过程中主要生成了烯丙醇化合物,醛、酮的选择性较低;而 WO_3 表面具有比 Fe_2O_3、ZnO 都强的酸性位,能够催化一些芳基环氧化物的重排反应,如式(1-4)所示,顺式-2-甲基-3-苯基乙烯氧化物在 WO_3 作用下,反应 3 h 的转化率可达 78%,生成 1-苯基丙酮的选择性可达 80%。2002 年 Kochkar 等人[35]通过煅烧水滑石得到了一系列混合金属氧化物(如 Mg-Al、Mg-Fe、Mg-Cr、Co-Al、Zn-Al 等),经 CO_2 吸附测定,它们都呈现一定的碱性,但是在氧化苯乙烯的气相重排反应中,Zn-Al 氧化物催化生成苯乙醛的产率可达 95%,且连续反应 10 h 没有明显失活,作者认为催化剂表面的碱性位能够影响反应的选择性和稳定性,碱性越强,醛、酮的选择性越低,催化剂失活也越快,但是 Zn-Al 氧化物表面的碱性位较弱,且具有较强的 L 酸中心,因此它的催化活性和稳定性都较高。

$$Ph \overset{O}{\triangle} Me \xrightarrow[\text{邻二甲苯, } 140\ ℃,\ 3\ h]{WO_3} Ph\overset{O}{\underset{}{\|}}Me \tag{1-4}$$

碱土金属氧化物表面同时含有酸性位和碱性位,但是它们的酸性和碱性都较弱,即不能催化环氧化物的酸性重排生成醛、酮类化合物,也不能催化碱性重排生成烯丙醇化合物[28,32,36]。例如，氧化苯乙烯、1-甲基环己烯氧化物、d-柠檬烯氧化物在 MgO、CaO 上反应，只得到了大量的未参与反应的原料。

1.2.3 离子交换树脂

离子交换树脂是一种含有活性官能团的网状高分子聚合物，根据活性官能团的不同，可以呈现出强酸性（如—SO_3H）、弱酸性（如—COOH）、强碱性（如—NR_3OH）、弱碱性（如—NH_2、—NHR、—NR_2），常常用来替代传统的无机酸、碱催化剂，具有易分离、无腐蚀、无污染和循环使用等优点。

Prakash 等人[37]发现具有强酸位的全氟磺酸树脂（Nafion-H），在室温下就能够催化芳基和含有叔碳原子的烷基或环烷基环氧化物发生重排反应，高选择性地生成醛或酮，例如式(1-5)、式(1-6)，反式-均二苯乙烯氧化物和 β-异戊烯氧化物在 Nafion-H 作用下发生重排反应，生成二苯基乙醛和异丙基甲基酮的产率可达 98%、85%。研究还发现，不含叔碳原子的烷基或环烷基环氧化物，如环己烯氧化物、环庚烯氧化物、环辛烯氧化物等，很难被 Nafion-H 催化。

$$\text{Ph}-\overset{O}{\underset{\triangle}{}}-\text{Ph} \xrightarrow[\text{二氯甲烷，40 ℃，5 h}]{\textbf{Nafion-H}} \overset{\text{Ph}}{\underset{\text{Ph}}{}}\text{CHO} \qquad (1\text{-}5)$$

$$\underset{H_3C}{\overset{H_3C}{}}\overset{O}{\underset{\triangle}{}}\underset{H}{\overset{CH_3}{}} \xrightarrow[\text{二氯甲烷，室温4 h}]{\textbf{Nafion-H}} \underset{H_3C}{\overset{H_3C}{}}\overset{O}{\underset{CH_3}{}} \qquad (1\text{-}6)$$

1.2.4 杂多酸

杂多酸具有很强的 B 酸位，比金属氧化物、离子交换树脂的酸性都强，只比 100% H_2SO_4 的酸性稍弱；另外，杂多酸还具有氧化性，既能催化碳正离子机理的反应，也能催化氧化还原反应，是一种新型的双功能催化剂[38]。常用的杂多酸有 $H_3PW_{12}O_{40}$、$H_4SiW_{12}O_{40}$、$H_3PMo_{12}O_{40}$、$H_4SiMo_{12}O_{40}$ 等，其中以 $H_3PW_{12}O_{40}$ 的酸性最强。

Costa 等人[39]采用浸渍法制备了 20 wt% $H_3PW_{12}O_{40}/SiO_2$ 催化剂,在氧化苯乙烯的重排反应中,单位质量的催化剂能够催化大于其质量 150 倍的原料发生重排,单位活性中心的转化数可达 20 000,催化效率远远大于 Nafion-H。但是此催化剂的酸性太强,反应过程中需要使用大量的溶剂,否则会生成大量的聚合物,导致催化剂因积碳而快速失活。

从上述非沸石类固体酸催化剂来看,B 酸位和 L 酸位都能够催化环氧化物的重排反应,B 酸位的活性通常高于 L 酸位。酸性越强,重排反应的活性越高,但是醛、酮类化合物在强酸位上更容易发生羟醛缩合或聚合等副反应,不仅造成醛、酮的选择性下降,还在催化剂表面沉积了大量的聚合物,使催化剂因积碳而快速失活。因此,在环氧化物的重排反应中,选择一种适宜酸性的催化剂是至关重要的。催化剂表面的碱性位能够催化环氧化物发生碱性重排生成大量的烯丙醇类化合物,导致醛、酮的选择性下降;另外,碱性位上更容易发生羟醛缩合等副反应,从而加快了催化剂的失活。所以用于环氧化物重排制备醛、酮的催化剂表面不能含有碱性位。

1.3　沸石类固体酸催化剂

沸石是一类结晶的硅铝酸盐,具有规则的孔道结构、较高的比表面积和水热稳定性,广泛用于石油炼制、石油化学品和精细化学品的合成等工业领域[40]。沸石的初级结构单元为硅氧四面体[SiO_4]和铝氧四面体[AlO_4],四面体之间通过共享顶点的氧原子,连接成各种多元环的次级结构单元,多元环的次级结构单元再相互连接,形成了三维立体结构的沸石晶体[41]。根据 Lowenstein 规则[42],铝氧四面体之间不能直接相连,必须与四个硅氧四面体连接,因此沸石的硅铝比可以为 1~+∞。

沸石晶体中存在不同大小的笼或腔,这些笼或腔相互连通形成了沸石主孔道,可分为一维、二维和三维孔道,孔径大小一般为 0.25~1 nm。沸石孔道承担着分子扩散的路径,只允许一定大小的分子进出孔道或在孔道内生成,因此沸石催化剂具有一定的择形性,在提高反应选择性的同时,还能抑制大分子聚合物的生成,进而抑制积碳的形成[43]。

另外,因积碳而失活的沸石在空气中煅烧,可以很容易地恢复催化剂的活性。

沸石骨架中的铝原子为+3价,使得整个铝氧四面体[AlO₄]带一个单位的负电荷,为了保持沸石骨架的电中性,必须由额外的骨架外阳离子来补偿,常见的骨架外阳离子有 Na⁺、K⁺、Ca²⁺、Mg²⁺ 等,这些阳离子可以被其他离子(如 NH⁺、稀土金属离子、过渡金属离子等)交换,从而改变沸石的酸性和催化活性。例如,Na-沸石被 NH⁺ 交换后,再经高温煅烧,可以产生酸性较强的 B 酸位,即桥连羟基(Si-OH-Al),它能够高效地催化碳正离子机理的反应。

1.3.1　ZSM-5 沸石

ZSM-5 具有 MFI 型的骨架结构,腔与腔之间通过两种相互交叉的十元环相互连接,分别形成了三维的直孔道(5.3×5.6 Å)和 S 孔道(5.1×5.5 Å),既为反应物分子的扩散提供了便利,还在一定程度上减缓了催化剂的失活。

Hoeldrich 等人[44,45]在研究氧化苯乙烯及其衍生物的气相重排反应中发现,HZSM-5、丝光沸石、毛沸石和菱沸石都适合用于催化此反应,其中 HZSM-5 的催化活性和稳定性是最高的,在 200 ℃和 WHSV＝3.0 h⁻¹时,苯乙醛的产率可达 90%,只是连续反应 6 h,HZSM-5 沸石即发生明显失活。Paparatto 等人[46]发现,把氧化苯乙烯和水的混合物(w：w＝3：1)连续通过装有 HZSM-5 沸石的固定床反应器,在 200 ℃和 WHSV＝30 h⁻¹下,苯乙醛的产率可达 96%,连续反应 6 h 没有发现催化剂失活。通过上述研究对比,在水蒸气的存在下,原料的处理量提高了 10 倍,同时苯乙醛的产率和催化剂的稳定性也都得到了提高,可见水分子不仅能够促进环氧化物的重排,还能在一定程度上抑制了积碳的形成。但是水分子的汽化潜能较大,反应过程中需要消耗大量的能量,提高了生产成本。

在氧化苯乙烯的液相重排反应中[47],HZSM-5 沸石的硅铝比(Si/Al＝12.5～500)对反应的影响不大,在极性非质子溶剂中(如二氯甲烷、三氯甲烷等),生成苯乙醛的产率为 73%～79%。HZSM-5 也能催化氧化苯乙烯的衍生物发生液相重排反应,取代基既可以是给电子基团,也可以是吸电子基团,尤其为吸电子基团时,生成相应苯乙醛衍生物的选择性较大,例如式(1-7)所示,当取代基 X 为—Me、—Br、—OMe、—Cl、—NO$_2$ 时,相应苯乙醛衍生物的选择性分别为 73％、75％、76％、92％、92％。

大分子环氧化物在 ZSM-5 沸石微孔内的扩散受到限制,使得重排反应主要发生在沸石外表面的酸性位上,因此催化剂的利用率和反应活性大大下降[47]。例如,1,2-辛烯氧化物在 HZSM-5 上反应 24 h,只得到了 4％的辛醛[式(1-8)]。

1.3.2　HX、HY 沸石

X、Y 沸石具有 FAU 型的骨架结构,孔道为三维的十二元环(7.4×7.4 Å)。习惯上把 Si/Al＝1～1.5 的此类沸石称为 X 沸石,把 Si/Al＞1.5 的此类沸石称为 Y 沸石。

与 ZSM-5 沸石相比,Y 沸石具有较大的孔径,使得环氧化物分子更容易在孔道内扩散,从而具有较高的催化活性;另外,较大的孔径还降低了反应物分子在孔道内的浓度,在一定程度上减小了聚合反应的发生概率,提高反应产物的选择性[47]。例如,在同样条件下,反式-均二苯乙烯氧化物在 HZSM-5 沸石上反应 4 h,生成二苯基乙醛的产率只有 60％,而在 HY 沸石上反应 0.25 h 就可得到 90％的二苯基乙醛。

尽管 X 沸石与 Y 沸石具有相同的结构,但是 HX 沸石的酸性较弱,催化重排反应的活性也较低[47]。例如,在同样条件下,HX 沸石催化氧化苯乙烯重排反应 6 h 的转化率只有 20％,而 HY 沸石在 0.5 h 内即可完全催化此反应。

1.3.3 HM 沸石

M 沸石又称丝光沸石,骨架结构为 MOR 型,天然丝光沸石的 Si/Al 比约等于 5,而人工合成的丝光沸石的 Si/Al 比可以在 4～12 变化。丝光沸石的主孔道为一维的十二元环(6.5×7.0 Å),主孔道之间通过八元环(3.9 Å)相互连接。通常情况下,反应物分子都无法通过八元环,只能沿着主孔道的方向扩散,一旦被堵塞,整个主孔道都将失去催化活性,因此反应物分子在主孔道内的扩散速率对丝光沸石催化活性的影响较大。

HM 沸石(Si/Al＝10)能够催化氧化苯乙烯和反式-均二苯乙烯氧化物的重排反应,生成苯乙醛和二苯基乙醛的产率比 HY 沸石稍高,可达 86％、92％,只是 HM 沸石催化反应所需的时间比 HY 沸石长[47]。这是因为 Y 沸石具有三维的孔道结构,更有利于反应物在微孔内的扩散,因而具有较高的催化活性。

HM 沸石还能催化含有叔碳原子的烷基或环烷基环氧化物发生重排反应[48],例如,2,3-二甲基-2,3-环氧丁烷[式(1-9)]和氧化异佛尔酮[式(1-10)]在 HM 上发生重排反应的转化率可达 100％,生成 3,3-二甲基-2-丁酮和 2-甲酰基-2,4,4-三甲基环戊酮的选择性分别为 61％、80％。作者用三苯基磷把 HM 沸石的外表面酸性位钝化后,在相同条件下,催化氧化异佛尔酮重排反应的转化率只有 30％,可见受 M 沸石孔径的限制,此重排反应主要是在沸石外表面的酸性位上发生的。

$$\text{(1-9)}$$

$$\text{(1-10)}$$

1.3.4　Hβ沸石

β沸石是 BEA、BEC 两种晶体结构的混合体,这两种晶体结构都具有三维十二元环的孔道结构（6.0×7.3 Å）。人工合成 β沸石的 Si/Al 比都大于 5,且晶体表面往往具有较多的缺陷。

与 HY 沸石类似,Hβ沸石也能高效地催化氧化苯乙烯和反式-均二苯乙烯氧化物的重排反应,生成苯乙醛和二苯基乙醛的产率可达 81%、90%[47]。

另外,Sheldon 等人[48]在研究氧化异佛尔酮的重排反应中发现,Hβ沸石催化的反应在 2 h 内即可反应完全,生成 2-甲酰基-2,4,4-三甲基环戊酮的选择性为 56%。用三苯基磷把 Hβ沸石外表面的酸性位钝化后,在同样的条件下,反应 2 h 的转化率仍可达 100%,同时 2-甲酰基-2,4,4-三甲基环戊酮的选择性提高到了 71%。可见,此重排反应主要是在 Hβ沸石孔道内的酸性位上进行的,外表面酸性位对反应活性的影响较小,但是钝化外表面酸性位可以减少副产物的生成,提高反应产物的选择性。

1.3.5　类沸石

沸石骨架中的硅、铝原子可以被其他杂原子（如 Be、B、Fe、Ga、Cr、Bi、P、Sb、As、Ti、V、Mo 等）同晶置换,制成含杂原子的类沸石催化剂,它们具有与沸石相似的骨架结构。类沸石可以采用直接水热或溶剂热合成法得到,即把含有杂原子的化合物与硅源、铝源、表面活性剂等混合,然后在一定温度下进行晶化反应;也可以采用二次合成方法将杂原子引入沸石骨架,例如气-固相同晶置换法、液-固相同晶置换法等。

Neri 等人[49]采用水热合成法制备了一种钛硅类沸石催化剂（TS-1）,具有 MFI 型的骨架结构,组成为 $x\text{TiO}_2 \cdot (1-x)\text{SiO}_2$,$x = 0.0001 \sim 0.04$,它能够催化氧化苯乙烯及其衍生物在甲醇或丙酮等溶剂中发生重排反应,在 $30 \sim 100$ ℃下反应 1.5 h 即可反应完全,生成苯乙醛及其衍生物的选择性可达 95% 以上。但是,此催化剂的制备过程较复杂,成本较高,而且氧化苯乙烯衍生物上的取代基仅限为烷基或烷氧基。

专利[50]中提到一种硼硅沸石,也是采用水热合成法制备的,经 NH_4^+ 交换后再煅烧,制备成 H 型硼硅沸石,它能够催化氧化苯乙烯及其衍生物在 120～170 ℃下发生气相重排反应,当 WHSV＝0.5～15 h^{-1} 时,苯乙醛及其衍生物的产率都在 90％以上。本反应是在固定床或流化床上进行的,以 N_2 为载气,通过调节载气的流量,使反应物料在催化剂床层的停留时间尽可能小于 4 S,否则苯乙醛及其衍生物很容易在催化剂上进一步发生缩聚反应,在催化剂表面生成一些聚合物,导致催化剂因积碳而快速失活,另外反应的选择性也会随之降低。

Hoelderich 等人[44]发现,一系列组成为硼硅、铁硅、镓硅、铬硅、铍硅、砷硅、锑硅、铋硅、铝锗、硼锗、镓锗、铁锗等的类沸石催化剂,均能催化氧化苯乙烯及其衍生物发生重排生成相应的苯乙醛及其衍生物,氧化苯乙烯衍生物的取代基可为-H、卤素、烷基、烷氧基、卤代烷基、卤代烷氧基、二取代的卤素等,在反应温度为 200～500 ℃和 WHSV＝0.1～20 h^{-1} 时,原料的转化率可达 100％,反应产物的选择性大于 90％,只是催化剂很容易因积碳而失活。

1.3.6 介孔沸石

介孔沸石具有较大的孔径,可以使一些体积较大的环氧化物分子进入孔道,被孔道内的活性位催化[51]。例如,1,2-辛烯氧化物在 Al-MCM-41(孔径 21 Å)上发生重排反应的转化频率可达 67.9 h^{-1},而在 HZSM-5(Si/Al＝30)上的转化频率只有 6.2 h^{-1}。经过 NH_3-TPD 测定,HZSM-5 上的酸强度大于 Al-MCM-41,所以造成 HZSM-5 的催化活性较低的直接原因是它的微孔孔径限制了反应物在孔内的扩散。尽管 Al-MCM-41 的催化活性较大,但是催化反应的选择性不高,它催化 1,2-辛烯氧化物重排生成了辛醛和烯丙醇的混合物。

2001 年 Fasi 等人[52]研究了环氧丙烷在 HZSM-5(5.3×5.6 Å)、HY(7.4 Å)、Al-MCM-41(40.6 Å)上的重排反应。结果发现,在这些催化剂上发生二聚反应的活性大小顺序为 HZSM-5＞HY＞Al-MCM-41,HZSM-5 催化的重排反应主要生成了二聚物(2-乙基-4-甲基-1,3-二氧杂环戊烷),选择性大于 80％;而 Al-MCM-41 催化的重排反应主要生成了丙醛,选择性大于 70％。这是因为介孔沸石的大孔径为反应物提供了更大的反应空间，使反应物在孔道内的浓度降低，在一定程度上抑制了反应产物的聚合。另外，具有弱酸性位的 Si-MCM-41 和 B-MCM-41 都不能催化环氧丙烷的重排反应。由此可知，在环氧化物的重排反应中，适宜的酸强度和孔结构是催化剂能否具有高活性和高选择性的两个必不可少的条件。

Robinson 等人[53]研究了介孔分子筛中铝的含量对催化活性的影响，他发现铝含量较低的介孔材料 AS-1(Si/Al＝111)比 AS-2(Si/Al＝14)的催化活性高，例如式(1-11)所示，AS-1 催化 α-蒎烯氧化物发生重排反应 2 h 的转化率可达 85％，生成龙脑烯醛的选择性为 75％；而 AS-2 催化 α-蒎烯氧化物发生重排反应 3 h 的转化率只有 12％。介孔分子筛 AS-1、AS-2 的孔径分别为 14.8 Å、13.7 Å，相差不大，可见孔径并不是造成 AS-2 催化活性较低的原因，而是 AS-2 上酸性位的强度较弱造成的。

$$\text{介孔沸石AS-1或AS-2} \atop \text{二氯乙烷，回流} \qquad (1\text{-}11)$$

从上述沸石类催化剂的催化性能来看，小分子的芳基和含有叔碳原子的烷基或环烷基环氧化物很容易发生重排反应，在室温下就能高活性、高选择性地生成相应的醛、酮。而大分子的环氧化物无法进入沸石微孔，只能在沸石外表面酸性位上发生反应，反应的活性和选择性都较差。沸石的酸性(酸强度、酸量、酸类型)和孔道性质(孔结构、孔径)是影响环氧化物重排反应活性和选择性的两个主要因素。沸石的酸性越强，活性越高，但此时催化剂的稳定性会受到一定的影响。另外，沸石的酸量和酸类型也会或多或少地影响催化剂的性能，只是这方面的报道较少，还有待于进一步研究。

沸石孔道对催化剂的影响主要与反应物分子在孔道内的扩散有关。沸石的酸性位主要存在于沸石微孔内，反应物分子快速扩散进入孔道，能够大大提高反应的活性；产物分子尽快脱离催化剂，能够减少副反应发生的概率，提高产物的选择性；反应过程中的过渡态中间产物分子能否在孔道内形成，决定了反应的方向。但是沸石孔道对环氧化物重排反应的影响还有待于详细研究。

1.4 改性沸石催化剂

直接合成的沸石的酸性和孔道性质都很难直接满足环氧化物重排反应的要求,这就需要对其进行一些后处理改性,分别对沸石的酸性和孔道性质进行修饰,以提高催化剂的性能。

1.4.1 沸石酸性的改性方法

酸性位是催化环氧化物重排制备醛、酮的活性中心,通过对沸石的酸性(酸强度、酸量、酸类型)进行修饰,可以进一步提高催化剂的催化性能。沸石酸性的改性方法主要有离子交换法、水蒸气处理法、酸处理法等。

1.4.1.1 离子交换改性

沸石骨架中的铝氧四面体$[AlO_4]$带一个单位的负电荷,为了保持电中性,必须由额外的骨架外阳离子来补偿,常见的骨架外阳离子有Na^+、K^+、Ca^{2+}、Mg^{2+}等,它们可以被其他离子(如Cs^+、Ag^+、Zn^{2+}、稀土离子等)交换,以此可以改变沸石的酸性。

Hoelderich等人[44]把Cs^+交换的HZSM-5沸石用于氧化苯乙烯的气相重排反应,结果发现,Cs^+的存在既能提高苯乙醛的选择性,还能在一定程度上抑制积碳的形成。另外,研究发现,稀土离子(如La^{3+}、Ce^{3+}、Pr^{3+}、Nd^{3+}等)交换能够提高HX、HY沸石的酸强度,使得它们在催化烷基化[54-56]、甲醇脱水[57]等反应中的活性提高,同时它们还能抑制积碳的形成,提高催化剂的稳定性[58,59]。但是至今为止,还没有人对稀土离子交换的沸石用于环氧化物重排制备醛、酮进行过详细的研究。

1.4.1.2 水蒸气处理改性

水蒸气处理一般是在高于500 ℃的温度下进行的,沸石骨架上的四面体铝原子与水蒸气接触后发生水解并脱除,首先形成了扭曲的八面体铝原子,它们具有一定的 L 酸性;随后这些扭曲的八面体铝原子逐渐向晶体表面迁移,并最终形成完美的八面体铝原子,而这部分铝原子没有酸性[60]。

Datka 等人[61]和 Sahoo 等人[62]发现,在温和条件下(300~400 ℃,水蒸气分压 <10 kPa)对 HZSM-5 沸石进行水蒸气处理,具有 L 酸性的非骨架铝原子与 B 酸位相互作用,增强了桥连羟基(Si-OH-Al)的极性,使得 B 酸的酸强度有所增加;而在剧烈条件下($\geqslant$ 500 ℃,水蒸气分压>100 kPa)进行水蒸气处理,大量的骨架铝原子发生了脱除,B 酸位的强度和数量都急剧下降。有些人[63,64]认为,水蒸气处理沸石上的 L 酸位对提高催化剂的活性是必不可少的,在烯烃裂解、异构化、羟基化等反应中,含有 L 酸的沸石的催化活性明显高于不含 L 酸的沸石,这是因为 L 酸与 B 酸能够形成了"协同效应",能够相互促进反应的进行。

研究发现[65,66],水蒸气处理后的 HZSM-5 沸石在催化甲醇转化为汽油(MTG)反应中的寿命有所提高,这是因为水蒸气处理后,沸石骨架的铝原子发生脱除,B 酸位的数量和强度降低,使得反应过程中生成积碳的速率下降,从而抑制了催化剂的失活,而作者认为水蒸气处理过程中产生的 L 酸位对反应的影响较小。另外,在 MTG 过程中[67],水与甲醇同时进料,在一定程度上抑制了积碳的形成,水的加入不仅提高了轻质烯烃的选择性,还减少了芳香族副产物的生成量,作者对此提出了两点假设:(1)水吸附在 HZSM-5 的酸性位上,改变了催化剂在反应过程中的吸附性能;(2)水参与了反应机理。通过实验发现,MTG 过程中加入一定量的水,使得各个反应步骤的动力学速率下降,这可能是因为水与甲醇或中间产物在催化剂的活性位上发生了竞争吸附。然而还发现,在不同温度下,水对反应的影响变化不大,说明水在酸性位上的吸附并不是影响反应活性的因素,而可能是因为水参与了反应中的某一步骤。在氧化苯乙烯重排制备苯乙醛的反应中,水蒸气的存在使得原料的处理量提高了 10 倍,同时苯乙醛的产率和催化剂的稳定性都得到了提高,水分子不仅能够促进环氧化物的重排,还能在一定程度上抑制积碳的形成,但是水分子的具体作用机理还不清楚,有待于进一步研究。

综上,水蒸气处理能够脱除沸石骨架中的四面体铝原子,对沸石酸性位的数量和强度进行调节。但是在水蒸气处理过程中,形成了大量的无定形的非骨架铝原子,它们堵塞在孔口或外表面上,限制了反应物分子在沸石孔道内的扩散,从而降低了催化剂的利用率。

1.4.1.3 酸处理改性

文献[68-70]报道,盐酸处理能够脱除沸石上的非骨架铝原子,打开被非骨架铝原子堵塞的孔道,而盐酸对骨架铝原子没有影响。Lucas等人[71]发现,水蒸气处理的 HZSM-5 沸石在芳构化反应中的失活速率有所增加,而经盐酸(0.6～1.2 mol/L)处理后,催化剂的稳定性大大提高,这是因为非骨架铝原子从沸石表面脱除,减少了反应物分子在孔道内的扩散阻力。Fan等人[72]分别用盐酸(1 mol/L)、柠檬酸(1 mol/L)对水蒸气处理后的 ZSM-5 进行了酸洗,它们都对沸石骨架中的铝原子没有影响,但是盐酸能够脱除非骨架铝原子,而柠檬酸却能使一部分非骨架铝原子重新插入骨架。由此可见,酸处理可以与水蒸气处理联合使用,在调节沸石酸性的同时,还能改善反应物分子在沸石孔道内的扩散。

除了酸洗,很多研究者还把适量的磷酸负载到沸石上,并用于催化甲醇转化[73-79]、乙醇脱水[80-82]、Fries 重排[83]、烷基化[84]、硝基化[85]、烯烃裂解[86-92]等反应。研究发现,磷原子能够中和沸石中较强的 B 酸位,使得沸石的酸强度减弱,从而降低了强酸位上的积碳速率和副反应的发生概率,提高了催化剂的稳定性和反应的选择性;另外,磷改性沸石的水热稳定性也得到了一定的提高。在环氧化物重排制备醛、酮类化合物的反应过程中,醛、酮的性质较活泼,特别是在强酸位或碱性位上,很容易发生羟醛缩合或聚合等副反应,造成催化剂因积碳而快速失活。而磷酸改性降低了沸石的酸强度,是否能够抑制副反应的发生?进而提高催化剂的稳定性和反应的选择性呢?至今还没有人对此进行过详细研究。

1.4.2 沸石孔道的改性方法

由于大分子的环氧化物在沸石微孔(0.25～1 nm)内的扩散受到限制,它们的重排反应主要发生在沸石外表面的酸性位上,使得沸石的利用率较低,反应的活性和选择性也较差[47]。另外,醛、酮类化合物的性质较活泼,必须要尽快脱离催化剂,否则很容易发生羟醛缩合或聚合等副反应,生成大量的聚合物,沉积在催化剂表面,形成积碳并堵塞孔道,使催化剂快速失活[50,93]。为了解决上述问题,可以围绕两方面对沸石的孔道进行改性:(1)合成大孔径沸石;(2)缩短反应物分子在沸石微孔内的扩散路径。

自 1992 年成功合成 MCM-41 介孔分子筛以来[94]，人们对其进行了大量的研究。尽管介孔能够提高反应物分子在孔道内的扩散速率，但是 MCM-41 的孔壁是无定形的，机械强度和水热稳定性较差，酸强度也没有微孔沸石强[95]。过去几十年，人们也一直致力于开发大孔沸石，如 VPI-5、UTD-1、ECR-34 等，它们的孔径可达 1.25 nm，完全可以满足大分子反应物在孔道内的扩散，但是这些大孔径沸石的骨架密度较低，水热稳定性和酸性较弱，很难用于工业上的化学反应[96]。

但是，另一方面，采用一系列改性方法在沸石晶体中引入一定的介孔结构，制成多级孔道沸石（Hierarchical Zeolites）[97-99]。它同时具有微孔和介孔孔道，介孔把沸石晶体分隔开来，大大缩短了反应物分子在沸石微孔内的扩散路径；而大部分的活性位仍存在于微孔内，使得多级孔道沸石还保留着原有的择形性。多级孔道沸石的制备方法主要有纳米晶体法、水蒸气处理法、模板剂法、碱处理法等。

1.4.2.1　纳米晶体法

纳米晶体沸石既具有较大的外表面积，又可以缩短分子在孔道内的扩散路径，在催化大分子环氧化物的重排反应时，往往具有较高的活性。2010 年，David 等人[100]比较了纳米晶体 n-HZSM-5（20～50 nm）与微米晶体 μ-HZSM-5（5～7 μm）在环氧化物重排反应中的催化活性，同样条件下反应 2 h，1,2-辛烯氧化物在纳米结晶体沸石上的转化率可达 60%，而在微米晶体沸石上反应的转化率还不到 10%，经测定，n-HZSM-5 和 μ-HZSM-5 的外比表面积分别为 70 m²/g 和 8 m²/g，n-HZSM-5 不仅提供了大量的外表面酸性位，还降低了环氧化物分子在孔内扩散的路径，因此具有较高的催化活性。但是纳米晶体的水热稳定性较差，且不易从合成相中分离，很难控制粒径的均匀性。

1.4.2.2　水蒸气处理法

在 1.4.1.2 小节中曾经提到，水蒸气处理能够使沸石骨架中的铝原子发生脱除，从而可以调节沸石 B 酸位的强度和数量。此外，骨架脱铝后还形成了大量的"空位"（又称"羟基巢"），其中一部分"空位"能够被硅原子补充，而没有补充的"空位"则可以形成了一定的介孔孔道[97]。

高硅铝比的沸石(如 ZSM-5 沸石)上铝原子的浓度较小,在水蒸气处理过程中,只有有限的骨架铝原子发生了脱除,不能形成有效的介孔孔道,对分子在孔道内的扩散速率的影响不大[70]。

低硅铝比的沸石(如 X、Y 沸石)经水蒸气处理后,大量的骨架铝原子发生脱除,产生了较多"空位","空位"之间发生合并,可以形成一系列不均匀的介孔孔道(5～50 nm),提高了反应物分子在孔道内的扩散速率[101]。Janssen 等人[102]对水蒸气处理 Y 沸石上的介孔孔道的形状进行了研究,结果发现,Y 沸石上存在两种介孔孔道:圆柱形介孔和介孔腔,且其中大部分都为介孔腔。圆柱形介孔孔道直接与沸石外表面相连,能够大大提高反应物分子的扩散速率;而介孔腔是"墨水瓶"结构,通过微孔与沸石外表面相连,不能提高分子的扩散速率。

1.4.2.3 模板剂法

模板剂法是在合成沸石的原料中,加入一定量的碳颗粒(如碳纳米管、碳纤维、炭黑等),作为介孔结构的导向剂,待沸石晶体成型后,经煅烧把碳颗粒除去,即可得到含有一定介孔结构的沸石[103-105]。

目前,利用碳颗粒为模板剂,已经成功制备出了 MFI、MEL、BEA、MTW、CHA 等结构类型的多级孔道沸石,此外还可以利用此方法在非硅铝沸石(也称类沸石)晶体中引入介孔。选择不同的模板剂和控制模板剂的加入量,可以很容易的调节介孔的大小和形状,但是所用的模板剂一般较贵,且合成沸石的原料与模板剂较难混合均匀,很难在工业上应用[96]。

1.4.2.4 碱处理法

Ogura 等人[106,107]首先发现,ZSM-5 沸石经碱性溶液(如 Na_2CO_3、NaOH 等)处理后,骨架上的硅原子选择性地发生了溶解并脱除,形成了十分规整的介孔孔道,而在此过程中只有少量的骨架铝原子发生了脱除,沸石的微孔结构和酸性几乎没有发生变化。

随后,Groen 等人[108-113]对碱溶液处理的 ZSM-5 沸石进行了系统的研究,碱溶液的种类和浓度、处理的温度和时间、沸石的硅铝比和晶粒大小都对沸石中形成的介孔孔道有影响。作者发现 NaOH 溶液是最有效的碱介质,随着 NaOH 溶液浓度的增加,硅原子发生溶解的趋势逐渐增大,产生的介孔也逐渐增多,但同时沸石的微孔也会受到较大的影响。在碱溶液中处理的温度对产生介孔的影响比处理时间较为明显,高温更容易使硅原子发生溶解,但是随着处理时间的延长,硅原子的溶解趋势也略有增加。骨架铝原子周围的硅原子(—Si—O—Al—O—Si—)在碱溶液中相对稳定,较难发生溶解,而远离骨架铝原子的硅原子(—Si—O—Si—O—Si—)更容易发生溶解,因此沸石骨架中的铝原子起着"导向剂"的作用,控制着硅原子选择性地发生脱除,并形成一定的介孔孔道。较低硅铝比 ZSM-5 沸石(Si/Al<25)中含有较多的骨架铝原子,从而抑制了硅原子在碱溶液中的溶解,只形成了很有限的介孔;而较高硅铝比 ZSM-5 沸石(Si/Al>50)中的骨架铝原子较少,对硅原子的溶解缺少控制,使得过多的硅原子发生了脱除,形成了一些大孔孔道,同时沸石微孔也受到了较大的影响;硅铝比为 $25\sim50$ 的 ZSM-5 沸石最适合采用碱处理法引入介孔孔道,在优化后的处理条件下(0.2 mol/L NaOH 溶液,338 K,30 min),可得到 10 nm 左右的介孔,介孔比表面积可达 235 m^2/g,而沸石的微孔结构和酸性几乎没有发生变化。碱处理能够在 ZSM-5 沸石晶体中引入大量的介孔孔道,从而提高了反应物分子的扩散速率[114]。

另外,此方法还适用于其他类型的沸石,如丝光沸石[115]、β 沸石[116,117]、类沸石[118]等,并成功把催化剂的处理量从克量级放大到千克量级[113]。可见,碱处理是一种操作简单、普遍、高效的制备多级孔道沸石的方法。

采用上述改性方法,可以分别对沸石的酸性和孔道性质进行调节。酸性越强,沸石的催化活性越高,但是强酸位更容易产生积碳,使催化剂快速失活,因此需要找到一种适宜酸强度的沸石,既能够高活性、高选择性地催化反应,又能减缓积碳的形成,提高催化剂的稳定性。采用磷酸改性的方法可以很方便的对沸石的酸性进行修饰。

在沸石中引入介孔孔道,既可以加快反应物分子在孔道内的扩散,提高催化剂的活性;又能使产物分子尽快脱离活性位,减少副反应发生的概率,提高催化剂的选择性和稳定性。采用碱处理的方法,可以成功地在沸石晶体内部引入一定的介孔孔道,对沸石的孔道性质进行修饰。

1.5　失活催化剂表面的积碳分析

环氧化物在酸性催化剂的重排反应是一种能够高活性、高选择性地制备醛、酮的工艺路线，但是醛、酮的性质较活泼，很容易发生羟醛缩合或聚合等副反应，生成的聚合物沉积在催化剂表面，并逐渐转化成积碳，导致催化剂快速失活，限制了本反应的工业应用。因此有必要对失活催化剂表面的积碳进行分析，以找到合适的抑制积碳的方法。

在催化剂的使用过程中，反应生成的一些化合物会吸附并聚集在催化剂表面，逐渐形成积碳，阻碍反应物与活性位接触，从而使反应的活性降低，此即为催化剂因积碳而失活的过程。造成催化剂失活的方式通常有两种[119]：一种是积碳只覆盖在活性位表面，阻止反应物与活性位接触，而不妨碍反应物在孔内的扩散；另一种是积碳堵塞在孔道或覆盖在外表面上，阻止反应物进入孔道，从而阻止了反应物与活性位接触。通过对比新鲜催化剂和失活催化剂的孔体积变化可以分辨这两种失活方式，从而知道积碳在催化剂上的分布位置，以找到造成催化剂失活的原因。

另外，催化剂表面的积碳通常有三种不同的结构：无定形积碳、石墨类积碳和碳纤维类积碳[120]。通常最初形成的积碳一般都是无定形积碳，根据反应条件（反应物料、反应温度、反应时间、催化剂等）的不同，这些积碳可能是脂肪烃、烯烃、芳香烃或稠环芳烃等，用傅里叶红外光谱、拉曼光谱、X-射线光电子能谱等可以对其进行辨别[121-126]；石墨类积碳具有类似石墨的结构，用 Co 靶的 X 射线粉末衍射仪测定时，在 $2\theta = 30 \sim 31°$ 会出现石墨的特征衍射峰（$d = 3.38$ Å），据此可判断催化剂表面是否形成了石墨类积碳[122,127-129]；碳纤维类积碳一般在金属粒子表面形成的，呈现一定长度的丝状，用扫描电镜可以比较容易的鉴别[128]。

1.6　环氧化物重排制备醛、酮面临的问题及挑战

环氧化物在酸性催化剂作用下能够发生重排生成醛、酮类化合物，

由于醛、酮的性质较活泼,很容易发生羟醛缩合或聚合等副反应,造成催化剂因积碳而失活。为了减缓催化剂的失活,可以用大量的溶剂对反应物进行稀释,以减弱醛、酮自身的缩聚,提高反应的选择性和催化剂的稳定性,但是溶剂给后续产品的分离、提纯带来较大的困难和能耗。另外,环氧化物还可以在无溶剂的气相条件下发生重排反应,通过调节载气的流速,控制反应物在催化剂床层的停留时间,在保证反应转化率的前提下,尽量增大载气流速,使反应产物尽快脱离催化剂,从而降低缩聚等副反应发生的概率,可以直接得到纯度较高的醛、酮,省去后续分离任务,大大节约了生产成本。

B 酸和 L 酸都能催化环氧化物的重排反应,B 酸的活性高于 L 酸。酸性越强,反应活性越高,但是醛、酮在强酸位上更容易发生缩聚等副反应,不仅造成反应的选择性下降,还使催化剂因积碳而快速失活,因此,在环氧化物的重排反应中,选择一种适宜酸性的催化剂是至关重要的。

经文献调研发现,磷原子能够中和沸石中较强的 B 酸位,使得沸石的酸强度减弱,从而降低了强酸位上的积碳速率和副反应的反应速率,提高催化剂的稳定性和反应的选择性。磷改性沸石在环氧化物重排制备醛、酮反应中的催化性能有待更深入的研究。

在沸石中引入介孔孔道,既可以加快反应物分子在孔道内的扩散,提高催化剂的活性;又能使产物分子尽快脱离活性位,减少副反应发生的概率,提高催化剂的选择性和稳定性。如采用一定方法在 HZSM-5 沸石上引入了一定的介孔孔道,介孔沸石在环氧化物重排制备醛、酮反应中的催化性能有待进一步研究。

环氧化物重排制备醛、酮是原子经济性反应,理论上不产生任何副产物,还避免了醛、酮被氧化或还原而生成大量的醇或羧酸等副产物,醛、酮的选择性往往比较高。我们相信,若研发出适合环氧化物重排制备醛、酮的催化剂,必能将此类新型绿色工艺推向应用。

参考文献

[1] 童忠良,夏宇正.化工产品手册.树脂与塑料[M].5 版.北京:化学工业出版社,2008:277-335.

[2] 刘树文.合成香料技术手册[M].北京:中国轻工业出版社,2009:121-182.

[3] W.F.Hölderich,U.Barsnick.Rearrangement of epoxides,in Fine chemicals through heterogeneous catalysis,R.A.Sheldon,H.van Bekkum,Weinheim:Wiley-VCH. 2001:217-231.

[4] 王延吉,赵新强.化工产品手册.有机化工原料[M].5版.北京:化学工业出版社, 2008:322.

[5] 日本化学会.有机合成醛.酮.醌[M].程志明,等译.上海:上海科学技术文献出版社,1997:1~428.

[6] J.G.Smith.Synthetically useful reactions of epoxides[J].Synthesis,1984,1984 (8):629~656.

[7] K.Arata,K.Tanabe.Catalytic rearrangement of epoxide compounds[J].Catalysis Reviews,1983,25(3):365-420.

[8] A.S.Rao,S.K.Paknikar,J.G.Kirtane.Recent advances in the preparation and synthetic applications of oxiranes[J].Tetrahedron,1983,39(14):2323-2367.

[9] R.E.Parker,N.S.Isaacs.Mechanisms of epoxide reactions[J].Chemical Reviews, 1959,59(4):737-799.

[10] E.E.Royals,L.L.Harrell.Oxygenated derivatives of d-α-pinene and d-limonene. preparation and use of monoperphthalic Acid[J].Journal of the American Chemical Society,1955,77(12):3405-3408.

[11] E.E.Royals,J.C.Leffingwell.α-Pinene oxide reaction with acetic acid-sodium acetate[J].Journal of Organic Chemistry,1964,29(7):2098-2099.

[12] H.O.House,The acid-catalyzed rearrangement of the stilbene oxides[J].Journal of the American Chemical Society,1955,77(11):3070-3075.

[13] B.Rickborn,R.M.Gerkin.The lithium salt catalyzed epoxide-carbonyl rearrangement[J].Journal of the American Chemical Society,1968,90(15):4193-4194.

[14] B.Rickborn,R.M.Gerkin.Lithium salt catalyzed epoxide-carbonyl rearrangement. I.alkyl-substituted epoxides[J].Journal of the American Chemical Society, 1971,93(7):1693-1700.

[15] B.C.Ranu,U.Jana.Indium(III)chloride-promoted rearrangement of epoxides:a selective synthesis of substituted benzylic aldehydes and ketones[J].Journal of Organic Chemistry,1998,63(23):8212-8216.

[16] I.Karame,M.L.Tommasino,M.Lemaire,Iridium-catalyzed alternative of the meinwald rearrangement[J].Tetrahedron Letters,2003,44(41):7687-7689.

[17] G.Jiang,J.Chen,H.Y.Thu,et al.Ruthenium porphyrin-catalyzed aerobic oxidation of terminal aryl alkenes to aldehydes by a tandem epoxidation-isomerization pathway[J].Angewandte Chemie,2008,120(35):6740-6744.

[18] A. Miyashita, T. Shimada, A. Sugawara, et al. Nickel-catalyzed ring-opening reactions of epoxides and their regioselectivities[J]. Chemistry Letters, 1986, 15 (8): 1323-1326.

[19] Y. D. Vankar, S. P. Singh, Palladium (0) catalysed conversion of α-nitroepoxides into 1,2-diketones[J]. Chemistry Letters, 1986, 15(11): 1939-1942.

[20] Y. Ohba, K. Ito, T. Nagasawa, et al. Synthesis and properties of new types of sulfoxide-or sulfone-bridged lewis acids[J]. Journal of Heterocyclic Chemistry, 2000, 37(5): 1071-1076.

[21] E. Ertürk, M. Göllü, A. S. Demir. Efficient rearrangement of epoxides catalyzed by a mixed-valent iron trifluoroacetate [Fe₃O(O₂CCF₃)₆(H₂O)₃][J]. Tetrahedron, 2010, 66(13): 2373-2377.

[22] K. A. Bhatia, K. J. Eash, N. M. Leonard, et al. A facile and efficient method for the rearrangement of aryl-substituted epoxides to aldehydes and ketones using bismuth triflate[J]. Tetrahedron Letters, 2001, 42(46): 8129-8132.

[23] F. Martínez, C. Del-Campo, E. F. Llama. High valence vanadium complex promoted selective rearrangement of epoxides to aldehydes or ketones[J]. Journal of the Chemical Society, Perkin Transactions 1, 2000(11): 1749-1751.

[24] K. Suda, S. Nakajima, Y. Satoh, et al. Metallophthalocyanine complex, Cr(TBPC) OTf: an efficient, recyclable Lewis acid catalyst in the regio-and stereoselective rearrangement of epoxides to aldehydes[J]. Chemical Communications, 2009 (10): 1255-1257.

[25] A. Procopio, R. Dalpozzo, A. De-Nino, et al. Erbiujrn(III) triflate: a valuable catalyst for the rearrangement of epoxides to aldehydes and ketones[J]. Synlett, 2004, (14): 2633-2635.

[26] X. M. Deng, X. L. Sun, Y. Tang. Highly regioselective rearrangement of 2-substituted vinylepoxides catalyzed by gallium (III) triflate[J]. Journal of Organic Chemistry, 2005, 70(16): 6537-6540.

[27] M. W. C. Robinson, K. S. Pillinger, I. Mabbett, et al. Copper (II) tetrafluroborate-promoted meinwald rearrangement reactions of epoxides[J]. Tetrahedron, 2010. 66: 8377-8382.

[28] K. Arata, S. Akutagawa, K. Tanabe. Epoxide rearrangement II. isomerization of 1-methylcyclohexene oxide over solid acids and bases[J]. Bulletin of the Chemical Society of Japan, 1975. 48(4): 1097-1101.

[29] R. Sudha, K. M. Narasimhan, V. G. Saraswathy, et al. Chemo-and regioselective conversion of epoxides to carbonyl compounds in 5 M lithium perchlorate-diethyl ether medium[J]. Journal of Organic Chemistry, 1996, 61(5): 1877-1879.

[30] J.H.Kennedy,C.Buse.Molten salts as a medium for carrying out organic reactions:epoxide-carbonyl rearrangement[J].Journal of Organic Chemistry,1971. 36(21):3135-3138.

[31] K.Arata,S.Akutagawa,K.Tanabe.Epoxide rearrangement III.isomerization of 1-methylcyclohexene Oxide over TiO_2-ZrO_2, $NiSO_4$ and $FeSO_4$[J].Bulletin of the Chemical Society of Japan,1976,49(2):390-393.

[32] E.Ruiz-Hitzky,B.Casal.Epoxide rearrangements on mineral and silica-alumina surfaces[J].Journal of Catalysis,1985.92(2):291-295.

[33] K.Arata,K.Tanabe.Isomerization of 1-methylcyclohexene oxide over solid acids and bases[J].Chemistry Letters,1974.3(8):923-924.

[34] A.Molnar,I.Bucsi,M.Bartok.Selective ring-opening of isomeric 2-methyl-3-phenyloxiranes on oxide catalysts[J].Studies in Surface Science and Catalysis, 1991.59:549-556.

[35] H.Kochkar,J.M.Clacens,F.Figueras.Isomerization of styrene epoxide on basic solids[J].Catalysis Letters,2002,78:91-94.

[36] K.Arata,S.Akutagawa.K.Tanabe,Isomerization of d-limonene oxide over solid acids and bases[J].Journal of Catalysis,1976,41(1):173-179.

[37] G.K.S.Prakash,T.Mathew,S.Krishnaraj,et al,Nafion-H catalysed isomerization of epoxides to aldehydes and ketones[J].Applied Catalysis A:General,1999,181 (2):283-288.

[38] W. F. Hölderich. New reactions in various fields and production of specialty chemicals[J]. in proceedings of the 10th international congress on catalysis, 1992:Elsevier.

[39] V. V. Costa, K. A. Da Silva Rocha, I. V. Kozhevnikov, et al. Isomerization of styrene oxide to phenylacetaldehyde over supported phosphotungstic heteropoly acid[J].Applied Catalysis A:General,2010,383(1-2):217-220.

[40] A.Corma.Inorganic solid acids and their use in acid-catalyzed hydrocarbon reactions[J].Chemical Reviews,1995,95(3):559-614.

[41] 徐如人,庞文琴.分子筛与多孔材料化学[M].北京:科学出版社,2004:39-113.

[42] W.Loewenstein.The distribution of aluminum in the tetrahedra of silicates and aluminates[J].American Mineralogist,1954,39(1-2):92-96.

[43] C.R.Marcilly.Where and how shape selectivity of molecular sieves operates in refining and petrochemistry catalytic processes[J].Topics in Catalysis,2000,13 (4):357-366.

[44] W.Hoelderich,N.Goetz,L.Hupfer,et al.phenylacetaldehydes and the preparation of phenylacetaldehydes[P],US patent,5225602,1993-07-06.

[45] W. Hoelderich, N. Goetz, H. Lermer, preraration of aldehydes and/or ketones bu conversion of epoxides[P]. US patent, 4980511, 1990-12-25.

[46] G. Paparatto, G. Gregorio. A highly selective method for the synthesis of phenylacetaldehyde[J]. Tetrahedron Letters, 1988, 29(12): 1471-1472.

[47] K. Smith, G. A. El-Hiti, M. Al-Shamali. Rearrangement of epoxides to carbonyl compounds in the presence of reusable acidic zeolite catalysts under mild conditions[J]. Catalysis Letters, 2006, 109(1-2): 77-82.

[48] R. A. Sheldon, J. A. Elings, S. K. Lee, et al. Zeolite-catalysed rearrangements in organic synthesis[J]. Journal of Molecular Catalysis A: Chemical, 1998, 134(1-3): 129-135.

[49] C. Neri, F. Buonomo. Process for isomerizing styrene oxide or homologues to β-phenylaldehydes[P]. US patent, 4495371, 1985-06-22.

[50] H. Smuda, W. Hoelderich, N. Goetz, et al. Preparation of phenylacetaldehydes [P]. US patent, 4929765, 1990-05-29.

[51] D. P. Serrano, R. Van-Grieken, J. A. Melero, et al. Liquid phase rearrangement of long straight-chain epoxides over amorphous, mesostructured and zeolitic catalysts[J]. Applied Catalysis A: General, 2004, 269(1-2): 137-146.

[52] Fasi. A, Gomory. A, Palinko. I, et al. Isomerization and dimerization reactions of methyloxirane over various types of zeolite and zeotype[J]. Journal of Catalysis, 2001, 200(2): 340-344.

[53] M. W. C. Robinson, A. M. Davies, R. Buckle, et al. Epoxide ring-opening and Meinwald rearrangement reactions of epoxides catalyzed by mesoporous aluminosilicates[J]. Organic & Biomolecular Chemistry, 2009, 7(12): 2559.

[54] S. J. Kulkarni, K. Murthy, K. Nagaiah, et al. Alkylation of 1-naphthol with methanol over modified zeolites[J]. Microporous and Mesoporous Materials, 1998, 21(1-3): 53-57.

[55] G. Kamalakar, M. R. Prasad, S. J. Kulkarni, et al. Vapor phase ethylation of naphthalene with ethanol over molecular sieve catalysts[J]. Microporous and Mesoporous Materials, 2000, 38(2-3): 135-142.

[56] C. Sievers, J. S. Liebert, M. M. Stratmann, et al. Comparison of zeolites LaX and LaY as catalysts for isobutane/2-butene alkylation[J]. Applied Catalysis A: General, 2008, 336(1-2): 89-100.

[57] D. Jin, B. Zhu, Z. Hou, et al. Dimethyl ether synthesis via methanol and syngas over rare earth metals modified zeolite Y and dual Cu-Mn-Zn catalysts[J]. Fuel, 2007, 86(17-18): 2707-2713.

[58] B. Thomas, S. Sugunan. Influence of residual cations (Na$^+$, K$^+$ and Mg^{2+}) in the

alkylation activity of benzene with 1-octene over rare earth metal ion exchanged FAU-Y zeolite[J]. Microporous and Mesoporous Materials, 2004, 72 (1-3): 227-238.

[59] B. Thomas, S. Sugunan. Effect of rare earth metal ions on the structural and textural properties of NaFAU-Y zeolite and vapor phase alkylation of benzene with 1-octene[J]. Indian journal of chemical technology, 2005, 12(6):676.

[60] T. Masuda, Y. Fujikata, S. R. Mukai, et al. Changes in catalytic activity of MFI-type zeolites caused by dealumination in a steam atmosphere[J]. Applied Catalysis A: General, 1998, 172(1):73-83.

[61] J. Datka, S. Marschmeyer, T. Neubauer, et al. Physicochemical and catalytic properties of HZSM-5 zeolites dealuminated by the treatment with steam[J]. The Journal of Physical Chemistry, 1996, 100(34):14451-14456.

[62] S. K. Sahoo, N. Viswanadham, N. Ray, et al. Studies on acidity, activity and coke deactivation of ZSM-5 during n-heptane aromatization[J]. Applied Catalysis A: General, 2001, 205(1-2):1-10.

[63] J. L. Motz, H. Heinichen, W. F. Hölderich. Direct hydroxylation of aromatics to their corresponding phenols catalysed by H-[Al] ZSM-5 zeolite[J]. Journal of Molecular Catalysis A: Chemical, 1998, 136(2):175-184.

[64] R. A. Beyerlein, C. Choi-Feng, J. B. Hall, et al. Effect of steaming on the defect structure and acid catalysis of protonated zeolites[J]. Topics in Catalysis, 1997. 4(1):27-42.

[65] S. M. Campbell, D. M. Bibby, J. M. Coddington, et al. Dealumination of HZSM-5 zeolites .calcination and hydrothermal treatment[J]. Journal of Catalysis, 1996. 161(1):338-349.

[66] S. M. Campbell, D. M. Bibby, J. M. Coddington, et al. Dealumination of HZSM-5 Zeolites II. methanol to gasoline conversion[J]. Journal of Catalysis, 1996. 161(1):350-358.

[67] A. G. Gayubo, T. A. Andres, M. Castilla, et al. Role of water in the kinetic modeling of methanol transformation into hydrocarbons on HZSM-5 zeolite[J]. Chemical Engineering Communications, 2004. 191(7):944-967.

[68] C. S. Triantafillidis, A. G. Vlessidis, L. Nalbandian, et al. Effect of the degree and type of the dealumination method on the structural, compositional and acidic characteristics of H-ZSM-5 zeolites[J]. Microporous and Mesoporous Materials, 2001, 47(2-3):369-388.

[69] J. P. Marques, I. Gener, P. Ayrault, et al. Infrared spectroscopic study of the acid properties of dealuminated BEA zeolites[J]. Microporous and Mesoporous Ma-

terials,2003,60(1-3):251-262.

[70] Y.Fan,X.Lin,G.Shi,et al.Realumination of dealuminated HZSM-5 zeolite by citric acid treatment and its application in preparing FCC gasoline hydro-upgrading catalyst[J].Microporous and Mesoporous Materials,2007,98(1):174-181.

[71] A.De-Lucas,P.Canizares,A.Durán,et al.Dealumination of HZSM-5 zeolites: effect of steaming on acidity and aromatization activity[J].Applied Catalysis A: General,1997,154(1-2):221-240.

[72] Y.Fan,X.Bao,X.Lin,et al.Acidity adjustment of HZSM-5 zeolites by dealumination and realumination with steaming and citric acid treatments[J].Journal of Physical Chemistry B,2006,110(31):15411-15416.

[73] W.W.Kaeding,S.A.Butter.Production of chemicals from methanol:I.low molecular weight olefins[J].Journal of Catalysis,1980,61(1):155-164.

[74] J.C.Védrine,A.Auroux,P.Dejaifve,et al.Catalytic and physical properties of phosphorus-modified ZSM-5 zeolite[J].Journal of Catalysis,1982,73(1): 147-160.

[75] P.Tynjälä,T.Pakkanen,S.Mustamäki.Modification of ZSM-5 zeolite with trimethyl phosphite.2.catalytic properties in the conversion of C1-C4 alcohols[J].The Journal of Physical Chemistry B,1998,102(27):5280-5286.

[76] S.M.Abubakar,D.M.Marcus,J.C.Lee,et al.Structural and mechanistic investigation of a phosphate-modified HZSM-5 catalyst for methanol conversion[J]. Langmuir,2006.22(10):4846-4852.

[77] M.Kaarsholm,F.Joensen,J.Nerlov,et al.Phosphorous modified ZSM-5:deactivation and product distribution for MTO[J].Chemical Engineering Science,2007. 62(18):5527-5532.

[78] Y.J.Lee,J.M.Kim,J.W.Bae,et al.Phosphorus induced hydrothermal stability and enhanced catalytic activity of ZSM-5 in methanol to DME conversion[J].Fuel, 2009.88(10):1915-1921.

[79] J.Liu,C.Zhang,Z.Shen,et al.Methanol to propylene:effect of phosphorus on a high silica HZSM-5 catalyst[J].Catalysis Communications,2009,10(11): 1506-1509.

[80] K.Ramesh,L.M.Hui,Y.F.Han,et al.Structure and reactivity of phosphorous modified H-ZSM-5 catalysts for ethanol dehydration[J].Catalysis Communications,2009,10(5):567-571.

[81] K.Ramesh,C.Jie,Y.F.Han,et al.Synthesis,characterization,and catalytic activity of phosphorus modified H-ZSM-5 catalysts in selective ethanol dehydration[J].Industrial and engineering chemistry research,2010,49(9):4080-4090.

[82] D. Zhang, R. Wang, X. Yang. Effect of P content on the catalytic performance of P-modified HZSM-5 catalysts in dehydration of ethanol to ethylene[J]. Catalysis Letters, 2008, 124(3): 384-391.

[83] M. Ghiaci, A. Abbaspur, R. J. Kalbasi. Internal versus external surface active sites in ZSM-5 zeolite Part 1. Fries rearrangement catalyzed by modified and unmodified H_3PO_4/ZSM-5[J]. Applied Catalysis A: General, 2006, 298: 32-39.

[84] M. Ghiaci, A. Abbaspur, M. Arshadi, et al. Internal versus external surface active sites in ZSM-5 zeolite: Part 2: toluene alkylation with methanol and 2-propanol catalyzed by modified and unmodified H_3PO_4/ZSM-5[J]. Applied Catalysis A: General, 2007, 316(1): 32-46.

[85] R. J. Kalbasi, M. Ghiaci, A. R. Massah. Highly selective vapor phase nitration of toluene to 4-nitro toluene using modified and unmodified H_3PO_4/ZSM-5[J]. Applied Catalysis A: General, 2009, 353(1): 1-8.

[86] X. Gao, Z. Tang, D. Ji, et al. Modification of ZSM-5 zeolite for maximizing propylene in fluid catalytic cracking reaction[J]. Catalysis Communications, 2009, 10(14): 1787-1790.

[87] G. Jiang, L. Zhang, Z. Zhao, et al. Highly effective P-modified HZSM-5 catalyst for the cracking of C4 alkanes to produce light olefins[J]. Applied Catalysis A: General, 2008, 340(2): 176-182.

[88] N. Xue, X. Chen, L. Nie, et al. Understanding the enhancement of catalytic performance for olefin cracking: hydrothermally stable acids in P/HZSM-5[J]. Journal of Catalysis, 2007, 248(1): 20-28.

[89] T. Blasco, A. Corma, J. Martínez-Triguero. Hydrothermal stabilization of ZSM-5 catalytic-cracking additives by phosphorus addition[J]. J. Catal., 2006, 237(2): 267-277.

[90] N. Xue, L. Nie, D. Fang, et al. Synergistic effects of tungsten and phosphorus on catalytic cracking of butene to propene over HZSM-5[J]. Applied Catalysis A: General, 2009, 352(1-2): 87-94.

[91] X. Gao, Z. Tang, H. Zhang, et al. High performance phosphorus-modified ZSM-5 zeolite for butene catalytic cracking[J]. Korean Journal of Chemical Engineering, 2010, 27(3): 812-815.

[92] G. Zhao, J. Teng, Z. Xie, et al. Effect of phosphorus on HZSM-5 catalyst for C4-olefin cracking reactions to produce propylene[J]. Journal of Catalysis, 2007, 248(1): 29-37.

[93] B. G. Pope. Production of arylacetaldehydes[N]. US patent, 4650908, 1987-03-17.

[94] C. T. Kresge, M. E. Leonowicz, W. J. Roth, et al. Ordered mesoporous molecular

sieves synthesized by a liquid-crystal template mechanism[J].Nature,1992.359 (6397):710-712.

[95] Y. Tao, H. Kanoh, L. Abrams, et al. Mesopore-modified zeolites: preparation, characterization,and applications[J].Chemical reviews,2006,106(3):896-910.

[96] J. Pérez-Ramírez, C. H. Christensen, K. Egeblad, et al. Hierarchical zeolites: enhanced utilisation of microporous crystals in catalysis by advances in materials design[J].Chemical Society Reviews,2008,37(11):2530-2542.

[97] S. Van-Donk, A. H. Janssen, J. H. Bitter, et al. Generation, characterization, and impact of mesopores in zeolite catalysts[J].Catalysis Reviews,2003,45(2): 297-319.

[98] K. Egeblad,C. H. Christensen, M. Kustova. Templating Mesoporous Zeolites[J]. Chemistry of materials,2007,20(3):946-960.

[99] J. C. Groen, J. A. Moulijn, J. Pérez-Ramírez. Desilication: on the controlled generation of mesoporosity in MFI zeolites[J].Journal of Materials Chemistry, 2006,16(22):2121-2131.

[100] D.P.Serrano,R.Van-Grieken,J.A.Melero,et al.Nanocrystalline ZSM-5: A catalyst with high activity and selectivity for epoxide rearrangement reactions[J]. Journal of Molecular Catalysis A:Chemical,2010,318(1-2):68-74.

[101] N.Salman,C.H.Ruscher,J.C.Buhl,et al.Effect of temperature and time in the hydrothermal treatment of HY zeolite[J].Microporous and Mesoporous Materials,2006,90(1-3):339-346.

[102] A. H. Janssen, A. J. Koster, K. P. De-Jong. On the shape of the mesopores in zeolite Y: a three-dimensional transmission electron microscopy study combined with texture analysis[J].The Journal of Physical Chemistry B,2002,106(46): 11905-11909.

[103] C. J. H. Jacobsen, C. Madsen, J. Houzvicka, et al. Mesoporous zeolite single crystals[J].Journal of the American Chemical Society,2000.122(29):7116-7117.

[104] I.Schmidt,A.Boisen,E.Gustavsson,et al,Carbon nanotube templated growth of mesoporous zeolite single crystals[J].Chemistry of materials, 2001,13(12): 4416-4418.

[105] C. H. Christensen, K. Johannsen, I. Schmidt. Catalytic benzene alkylation over mesoporous zeolite single crystals: improving activity and selectivity with a new family of porous materials[J].Journal of the American Chemical Society, 2003.125(44):13370-13371.

[106] M. Ogura, S. Shinomiya, J. Tateno, et al. Formation of uniform mesopores in ZSM-5 zeolite through treatment in alkaline solution[J].Chemistry Letters,

2000.29(8):882-883.

[107] M. Ogura, S. Shinomiya, J. Tateno, et al. Alkali-treatment technique--new method for modification of structural and acid-catalytic properties of ZSM-5 zeolites[J].Applied Catalysis A:General,2001,219(1-2):33-43.

[108] J.C.Groen,J.Pérez-Ramírez, L.a.A.Peffer.Formation of uniform mesopores in ZSM-5 zeolite upon alkaline post-treatment? [J]. Chemistry Letters, 2002 (1):94-95.

[109] J.C.Groen,L.a.A.Peffer,J.A.Moulijn,et al.Mesoporosity development in ZSM-5 zeolite upon optimized desilication conditions in alkaline medium[J].Colloids and Surfaces A:Physicochemical and Engineering Aspects,2004,241(1-3):53-58.

[110] J.C.Groen,J.C.Jansen,J.A.Moulijn,et al.Optimal aluminum-assisted mesoporosity development in MFI zeolites by desilication[J].The Journal of Physical Chemistry B,2004.108(35):13062-13065.

[111] J.C.Groen, T.Bach, U.Ziese, et al.Creation of hollow zeolite architectures by controlled desilication of Al-zoned ZSM-5 crystals[J].Journal of the American Chemical Society,2005,127(31):10792-10793.

[112] J.C.Groen,L.a.A.Peffer,J.A.Moulijn,et al.Mechanism of hierarchical porosity development in MFI zeolites by desilication:The role of aluminium as a pore-directing agent[J].Chemistry A European Journal,2005,11(17):4983-4994.

[113] J.C.Groen,J.A.Moulijn,J.Pérez-Ramírez.Alkaline posttreatment of MFI zeolites. From accelerated screening to scale-up[J]. Industrial and engineering chemistry research,2007,46(12):4193-4201.

[114] J. C. Groen, W. Zhu, S. Brouwer, et al. Direct demonstration of enhanced diffusion in mesoporous ZSM-5 zeolite obtained via controlled desilication[J]. Journal of the American Chemical Society,2007,129(2):355-360.

[115] J.C.Groen,T.Sano,J.A.Moulijn,et al.Alkaline-mediated mesoporous mordenite zeolites for acid-catalyzed conversions[J].Journal of Catalysis,2007,251(1): 21-27.

[116] J.C.Groen,S.Abelló,L.A.Villaescusa,et al.Mesoporous beta zeolite obtained by desilication.Microporous and Mesoporous Materials,2008,114(1):93-102.

[117] J.Pérez-Ramírez,S.Abelló,A.Bonilla,et al.Tailored Mesoporosity Development in Zeolite Crystals by Partial Detemplation and Desilication[J]. Advanced Functional Materials,2009,19(1):164-172.

[118] J. C. Groen, R. Caicedo-Realpe, S. Abelló, et al. Mesoporous metallosilicate zeolites by desilication:On the generic pore-inducing role of framework trivalent heteroatoms[J].Materials Letters,2009,63(12):1037-1040.

［119］ A.De Lucas,P.Canizares,A.Duran,et al.Coke formation,location,nature and regeneration on dealuminated HZSM-5 type zeolites[J].Applied Catalysis A: General,1997,156(2):299-317.

［120］ 孙锦宜.工业催化剂的失活与再生[M].北京:化学工业出版社,2006:14-15.

［121］ P.Castaño,G.Elordi,M.Olazar,et al.Insights into the coke deposited on HZSM-5,Hβand HY zeolites during the cracking of polyethylene[J].Applied Catalysis B:Environmental,2011.

［122］ S.He,C.Sun,X.Yang,et al.Characterization of coke deposited on spent catalysts for long-chain-paraffin dehydrogenation[J].Chemical Engineering Journal,2010,163(3):389-394.

［123］ J.W.Park,G.Seo.IR study on methanol-to-olefin reaction over zeolites with different pore structures and acidities[J].Applied Catalysis A:General,2009,356(2):180-188.

［124］ X.Li,S.Li,Y.Yang,et al.Studies on coke formation and coke species of nickel-based catalysts in CO_2 reforming of CH4[J].Catalysis Letters,2007,118(1-2):59-63.

［125］ M.Rozwadowski,M.Lezanska,J.Wloch,et al.Investigation of coke deposits on Al-MCM-41.Chemistry of Materials,2001.13(5):1609-1616.

［126］ S.Hamoudi,F.I.Larachi,A.Adnot,et al.Characterization of spent MnO_2/CeO_2 wet oxidation catalyst by TPO-MS,XPS,and S-SIMS[J].Journal of Catalysis,1999,185(2):333-344.

［127］ B.K.Vu,M.B.Song,I.Y.Ahn,et al.Location and structure of coke generated over Pt-Sn/Al_2O_3 in propane dehydrogenation[J].Journal of Industrial and Engineering Chemistry,2011.17(1):71-76.

［128］ L.A.Arkatova.The deposition of coke during carbon dioxide reforming of methane over intermetallides[J].Catalysis Today,2010.157(1):170-176.

第2章 氧化苯乙烯液相重排制备苯乙醛

2.1 引　言

　　苯乙醛是一种具有玉簪花香味的有机中间体,被广泛应用于多种精细化学品的工业生产中,如芳香剂、药物、杀虫剂、杀菌剂以及除草剂等[1-2]。苯乙醛可由多种方法来制备,如苯乙醇氧化[3-4]、苯乙二醇脱水[3]、苯乙酸还原[4]、缩水甘油酸酯酯缩合[5]、氧化苯乙烯重排反应[6]等。在传统的氧化、脱水、还原或酯缩合反应工艺中,苯乙醛易发生羟醛缩合形成大量副产物,同时催化剂失活快,对反应设备和条件要求苛刻,难以工业应用。氧化苯乙烯在酸性催化剂作用下能发生重排反应生成苯乙醛,如式(2-1)所示,此反应简便快捷,并且苯乙醛产率高、纯度好,无需进一步提纯即可应用,因此逐步得到了人们的重视[7]。

$$(2-1)$$

　　目前,苯乙醛的主要生产工艺采用固定床氧化苯乙烯重排反应,存在的问题是产物易发生聚合积碳,导致催化剂失活。为此,本章研究了液相条件下氧化苯乙烯的催化重排反应[8-9]。以 HZSM-5 分子筛为催化剂,探究了不同性质的溶剂及不同硅铝比的 HZSM-5 催化剂对该反应的影响。此外,选取反应温度、反应时间、催化剂用量、溶剂用量为氧化苯乙烯液相重排反应的影响因素,以苯乙醛的产率为响应值,采用 2_{IV}^{4-1} 部分因子实验设计法优化反应条件。

2.1.1　苯乙醛的性质

2.1.1.1　物理性质

苯乙醛(CAS 号为 122-78-1),又称风信子醛,英文名称为 phenylacetaldehyde,是一种具有浓郁玉簪花香气的无色液体,分子式为 C_8H_8O,分子量 120.15。熔点－10 ℃,沸点 193 ℃,闪点 68 ℃,密度 1.0272 g/cm³ (25 ℃),饱和蒸汽压 1.3 kPa(78℃)。微溶于水,溶解度为 2.210 g/L (25 ℃),可混溶于甲醇、乙醇、丙酮、二甲基甲酰胺、1,2-二氯乙烷、环己烷、正己烷等有机溶剂中,不溶于甘油和矿物油。

2.1.1.2　化学性质

苯乙醛在遇高热、明火时可燃,燃烧产物为一氧化碳和二氧化碳。若遇高热时容器内压增大,则有开裂和爆炸的危险。苯乙醛性质很活泼,能与甲醇、乙醇等发生缩合反应形成缩醛;也能被氧化为苯乙酸或被还原成苯乙醇;自身还易发生羟醛缩合,形成二聚物。

苯乙醛是一种中毒性的有机化合物,具有刺激作用,经呼吸、食入、皮肤吸收等途径侵入人体后可能对身体有害;排入环境中可造成大气污染。

2.1.2　苯乙醛的生产工艺

由于苯乙醛具有广泛的应用价值,应用范围也不断扩大,目前苯乙醛产量远远不能满足市场的需求,因此,多年来苯乙醛合成方法的研究都没有间断过,现在仍然十分活跃。近年来,对高效且环境友好的苯乙醛合成方法的研究成为有机合成化学研究的一个热点。下面就介绍几种合成苯乙醛常用的方法。

2.1.2.1　芳醇氧化法

目前,苯乙醛的工业生产方法中主要采用的是芳醇氧化法。该方法是利用催化剂的催化作用,将 β-苯乙醇或苯乙二醇氧化为苯乙醛。

(1)金属催化剂

$$\text{[苯环]}CH_2CH_2OH \xrightarrow[\triangle]{O_2, Cu} \text{[苯环]}CH_2CHO + H_2O \qquad (2\text{-}2)$$

工业生产苯乙醛是在铜的催化作用下,用空气在加热条件下将 β-苯乙醛氧化而得,如式(2-2)所示[10]。反应过程中会发生苯乙醛的进一步氧化,生成苯乙酸,或是发生羟醛缩合生成聚合产物。氧化产物中苯乙醛的含量约为 50%,所得粗品经水洗、减压蒸馏后得成品,该方法产率较低。

庞登甲等人[11]以电解银为催化剂,探索了水蒸气-空气混合物氧化苯乙醇制取苯乙醛的工艺条件。本实验采用固定床反应器,利用自动控制仪表调节反应温度,通过正交试验设计法考察了反应温度、催化剂负载量、氧醇分子比和水醇分子比对反应物转化率、产物选择性的影响。结果表明,在 $280 \sim 340$ ℃的反应温度下,电解银催化剂作用于苯乙醇氧化制备苯乙醛的反应时,最适宜的氧醇分子比和空速分别为 $0.55 \sim 0.8$ 和 $1.5 \sim 2.5 \ h^{-1}$。但由于醛类性质非常活泼,会进一步氧化为酸,因此该反应选择性较低,苯乙醛最高产率也只有 62%。

(2)相转移催化剂

Gholam 等人[12]以次氯酸钠为相转移催化剂,以乙酸乙酯和水的混合物为媒介,对苯乙醇制备苯乙醛的反应进行了研究,如式(2-3)所示。该反应条件温和,速率快,同时原材料价廉易得,操作简便,但苯乙醛产率只有 73%。Abdol 等人[13]则采用微波照射法,以季铵盐作为相转移催化剂,在高碘酸钾离子液体中探究苯乙醇的氧化反应,如式(2-4)所示。该反应化学选择性高、速率快,苯乙醛产率可达 98% 以上,但由于采用微波照射,因此反应成本较高。

$$\text{[苯环]}CH_2CH_2OH \xrightarrow[\substack{R_4N^+Br^-, \ Room \ Temp. \\ 30 \ min}]{\substack{NaOCl \\ EthylAcetate; \ Water}} \text{[苯环]}CH_2CHO$$

$$(2\text{-}3)$$

$$\text{C}_6\text{H}_5\text{CH}_2\text{CH}_2\text{OH} \xrightarrow[\text{MW(3 min)}]{\text{KIO}_4,\ \text{Et}_4\text{NBr}} \text{C}_6\text{H}_5\text{CH}_2\text{CHO} \qquad (2\text{-}4)$$

（3）过渡金属催化剂

Liang 等人[14]以含有过渡金属配合物——乙酰丙酮铬的高碘酸为催化剂,在乙腈溶剂中催化液相苯乙醇的氧化反应,苯乙醛产率为89%,如式(2-5)所示。结果表明,乙酰丙酮铬与高碘酸钾的混合物对于苯乙醇氧化制备苯乙醛的反应来说,是一种非常有效的催化剂。该反应在室温条件下就可进行,并且实现了苯乙醇的一步转化,操作方便快捷。但由于铬元素的存在,苯乙醛可能会被过渡氧化为苯乙酸,同时产物不易从铬污染物中分离出来,氧化性和酸性较强的媒介也会对反应溶剂造成腐蚀。为了克服上述缺点,Enayatollah 等人[15]探究了重铬酸钡催化苯乙醇氧化制备苯乙醛的反应,如式(2-6)所示,该催化剂是将铬酸钡在85～90 ℃条件下溶于铬酸溶液中制备而成的。由于重铬酸钡不溶于非极性溶剂中,所以该反应选择在沸点较低的极性非质子溶剂乙腈中进行,反应产物通过光谱法进行定性分析。该方法制备的产物纯度较高,但产率只有 63% 左右。

$$\text{C}_6\text{H}_5\text{CH}_2\text{CH}_2\text{OH} \xrightarrow[\text{CH}_3\text{CN, r.t., 3 h}]{\substack{\text{H}_5\text{IO}_6\text{(1.5equiv.)}\\ \text{10 mol\% Cr(acac)}_3}} \text{C}_6\text{H}_5\text{CH}_2\text{CHO} \qquad (2\text{-}5)$$

$$\text{C}_6\text{H}_5\text{CH}_2\text{CH}_2\text{OH} \xrightarrow[\substack{\text{reflux, 2.5~4 h,}\\ \text{Oxidant/Reactant: 2/1}}]{\text{BaCr}_2\text{O}_7,\ \text{MeCN}} \text{C}_6\text{H}_5\text{CH}_2\text{CHO} \qquad (2\text{-}6)$$

此外,还有大量文献记载了过渡金属配合物在苯乙醇氧化制备苯乙醛过程中的应用,如在氧化铝负载重铬酸锌催化剂[16]、$(n\text{Bu}_4\text{N})\text{ReO}_4$5/PhIO/CH$_2Cl_2$ 催化体系[17]、二氧化硅负载硝酸铁催化剂[18]等。这些合成方法条件温和、操作简便、实现了苯乙醇的一步转化,但催化剂的使用效率普遍较低,且苯乙醛产率较低,纯度也不高。

（4）微生物催化剂

Matilde 等人[19]研究了几种不同的醋酸菌链对苯乙醇氧化作用的影响。实验中采用了连续分馏装置将产物分离出来后,通过气相色谱进行分析,同时探索了 pH、O_2 浓度、底物浓度、菌种浓度等不同条件对产率的影响。结果表明,适用于该反应的醋酸菌链有氧化葡萄杆菌、醋酸菌 A 和醋酸菌 AB_2 三种,并且在底物浓度为 4 g/L 的中性环境中苯乙醇氧化效果最好。

Francesco[20] 和 Raffaella[21] 等人均采用了水-异辛烷双液相醋酸菌催化系统探索了不同醋酸菌种的催化效果,该反应系统使生成的苯乙醛能被快速转移到有机相中,避免被醋酸菌进一步氧化为苯乙酸。他们还采用了膜反应器,便于生物催化剂与溶剂接触,从而有利于产物的分离。Raffaella 等人[22] 深入研究了氧化葡萄糖杆菌 DSM2343 对苯乙醇氧化的催化作用,将菌种培养于甘油中 24 h 后,在 28 ℃,pH 4.5,底物浓度为 5 g/L 的反应条件下催化苯乙醇氧化,通过色谱分析结果显示,苯乙醇转化率可达 95%,苯乙醛产率为 83%。

目前,微生物催化法的菌种选择和培养还存在很多实际性的问题,有待进一步的探索和研究。但该方法反应条件温和,选择性好,产物纯度高,最重要的是副产物还可以回收后循环使用。因此,微生物法的深入研究不仅有重要的理论价值,同时还具有广阔的应用前景。

（5）分子筛催化剂

王苹等人[3] 将 ZSM-5 分子筛催化剂用稀盐酸浸泡处理,并将其应用于苯乙二醇制备苯乙醛的反应,如式（2-7）所示,同时利用正交试验设计来优化反应条件,探讨反应机理。结果表明,苯乙二醇分子是在分子筛酸性位的催化作用下发生分子内重排,从而生成苯乙醛的;同时,经过正交试验设计,分析得出催化剂用量是决定反应转化率和选择性的最重要因素,此外,反应时间也有较大影响。当 ZSM-5 质量为 4 g,溶剂甲苯用量为 55 mL,反应时间为 4 h 时,苯乙二醇转化率为 94%,苯乙醛产率达 70%。该方法操作简单,但苯乙醛产率不高,且催化剂使用效率也偏低。

$$(2\text{-}7)$$

综上所述,对于芳醇氧化制备苯乙醛方法的研究已经进行了很多,但总体看来均存在苯乙醛产率不高,纯度较差,催化剂使用效率偏低,反应成本高等问题。同时,从方程式也可以计算得出,β-苯乙醇和苯乙二醇通过氧化制备苯乙醛时,反应的原子收率分别为 98.4% 和 87.0%,反应物利用率不能达到 100%。

2.1.2.2　还原法

近年来,关于采用还原法制备苯乙醛的研究较少,该方法的核心内容是采用苯乙酸直接还原来制备苯乙醛。Jin 等人[23-24]探究了两类合成催化剂对苯乙酸还原反应的催化作用,如式(2-8)所示。一种是单溴硼烷二甲硫醚络合物催化剂在室温条件下,于二硫化碳-二氯甲烷溶剂中催化苯乙酸还原生成苯乙醛,此方法简单快捷,产率高,但催化剂制备过程复杂,应用推广有限;另一种是氨基铝氢化物与苯乙酸在室温条件下,于 THF 溶液中回流制备苯乙醛,该方法中催化剂制备成本高、操作复杂、产率较低。

$$
\text{PhCH}_2\text{COOH} \xrightarrow{\text{Br}^- - \text{B}^{3+} \text{H} - \text{S(Me)}_2^1,\ (Me)_2C - \Pr\ \text{or}\ Me\ N - N - Al - N\ NMe^2} \text{PhCH}_2\text{CHO}
$$

(2-8)

1 单溴硼烷二甲硫醚络合物;2 氨基铝氢化物

苯乙酸还原制备苯乙醛所用催化剂的制备都非常复杂,成本较高,且苯乙醛产率较低,纯度不高,反应的原子收率只有 88.2%。

2.1.2.3　电解法

电解氧化制备苯乙醛通常采用的是电解苯甲醛和氯乙酸乙酯的反应,或是肉桂酸和次卤酸的反应来制备,但这些方法操作复杂,产率较低。上野等人[25]探究出了通过电解氧化环辛四烯这种物质来制备苯乙醛的新途径,该方法中的电极采用汞阳极。他们用 10% 的硫酸作为电解液,在搅拌条件下,于 30 ℃、阳极电流密度 6.1 A/dm² 时进行电解,电流效率为 68%,苯乙醛产率达 75%,反应过程如式(2-9)所示。

汞阳极反应:$4OH^- - 4e^- \longrightarrow 2H_2O + O_2 \uparrow$,

(2-9)

治荣等人[26]则对间接电解合成苯乙醛的工艺进行了研究,首先在电解槽中以 Pb-Sb-As 合金作为电极,使 Mn(II) 在硫酸介质中先电解为 Mn(III);然后 Mn(III) 进入反应器,将硫酸介质中的乙苯氧化为苯乙醛。本工艺的最佳反应条件为 H_2SO_4 浓度 60%,反应温度 60 ℃,Mn(III) 与乙苯摩尔比为 1∶3～1∶5。该方法电流效率为 75%,苯乙醛产率 57% 左右,反应如式(2-10)所示。

$$\text{CH}_2\text{CH}_3 + 4\text{Mn}(\text{III})\text{H}_2\text{O}+ \longrightarrow \text{CH}_2\text{CHO} + 4\text{Mn}(\text{II})4\text{H}^+ +$$

$$(2\text{-}10)$$

由此可知,采用电解法来制备苯乙醛时,条件温和,产物选择性好、易分离,但苯乙醛收率不高,电解能耗较大,并且对设备的负荷强度要求较高,但反应的原子收率较高。

2.1.2.4 甲酰化法

Fumie 等人[27]利用格利雅试剂与甲酸在四氢呋喃溶剂中反应来制备苯乙醛,反应过程如式(2-11)所示。将溶解有乙基溴化镁的四氢呋喃溶液逐滴加入甲酸溶液中,其中四氢呋喃需在 0 ℃ 的氩气环境中干燥,然后加入相应的格利雅试剂,混合物在室温条件下搅拌 30 min 后,用乙醚萃取产物,通过 Na_2SO_4 干燥后在减压条件下蒸馏,即可得到苯乙醛产物,产率约为 75%。为了减少甲酸干燥这一复杂的过程,Bogavac 等人[28]采用格利雅试剂与甲酸钠或甲酸锂,在沸腾的四氢呋喃溶剂中反应来制备苯乙醛,反应如式(2-12)所示。甲酸盐在四氢呋喃溶剂中是极微溶的,但在加热条件下极易与格利雅试剂发生反应。同时,通过对比四氢呋喃、乙醚以及两者混合溶剂中的反应结果可知,四氢呋喃中苯乙醛产率较高,且反应条件简单易行。

$$\text{HCOOH} + \text{C}_2\text{H}_5\text{MgBr} \longrightarrow \text{HC}-\text{OMgBr} + \text{C}_2\text{H}_6$$

$$\text{HC}-\text{OMgBr} + \text{CH}_2\text{MgBr} \longrightarrow \text{CH}_2-\overset{H}{\underset{\text{OMgBr}}{C}}-\text{OMgBr} \xrightarrow{\text{H}_2\text{O}} \text{CH}_2\text{CHO}$$

$$(2\text{-}11)$$

$$(2\text{-}12)$$

此外,George 等人[29]还探索了利用 N-甲酰基吗啉与格利雅试剂在 0 ℃的乙醚溶剂中反应制备苯乙醛,如式(2-13)所示,该反应简捷高效。王陆瑶课题组[30]则首次报道了利用格利雅试剂与苯并咪唑盐的加成-水解反应制备苯乙醛的新方法,如式(2-14)所示。该方法反应过程中不需分离产物,是苯乙醛的一种仿生合成新方法。

$$(2\text{-}13)$$

$$(2\text{-}14)$$

2.1.2.5　催化异构法

目前,采用定向异构的方法合成末端含有醛基化合物的方法已有非常多的报道,其中很具代表性的异构催化剂有 B 酸、卤化物、过渡金属离子络合物等均相催化剂,以及分子筛、离子交换树脂等非均相催化剂。

工业生产苯乙醛常以苯乙烯为原料,先经过催化氧化生成氧化苯乙烯,再经加氢生成苯乙醇,最后脱氢为苯乙醛。工艺生产步骤多,设备复杂,产率低。Feringa 等人[31]在 55 ℃加热条件下,在叔丁基醇中以 1∶4 的摩尔比将(MeCN)$_2$PdClNO$_2$络合物与 CuCl$_2$混合后制备出新型催化剂,在这种过渡金属盐催化剂的作用下,苯乙烯发生异构生成苯乙醛,生产方法简便,成本低。

由于均相催化剂不易分离、回收和循环利用,并且容易腐蚀反应容器,造成环境污染。因此,非均相催化剂的研究应用逐步发展起来,它能克服均相催化剂的诸多缺点,是一种环境友好型催化剂。非均相催化剂在苯乙醛合成中的应用也十分广泛。

Wolfgang 等人[32]探讨了不同性质的催化剂中环氧化物重排反应的作用机理,如式(2-15)所示。

$$(2\text{-}15)$$

B 酸催化机理是为环氧化物中的氧原子提供质子;L 酸催化剂则是为环氧化物中的氧原子提供一个多价态的阳离子进行配位催化;碱性催化剂作为亲核试剂,对环氧化物中的碳原子进行攻击,从而催化反应的进行。只有酸催化机理中才会形成碳正离子中间产物,从而导致多种副产物的生成。此外,作者通过对比突出了非均相催化剂的优势。其中,分子筛催化剂由于具有良好的孔道结构、择型选择性、较高的反应效率以及通过再生可循环利用等多种特点,被广泛应用于环氧化物的催化重排反应中。作者通过进一步的探究实验,分析比较了不同结构分子筛催化剂的作用效果,结果表明,酸性分子筛催化剂上环氧化物的重排结果最好,它有效抑制了副产物的生成,有利于产物分离提纯,产物选择性得到有效提高,并且对环境友好,通过再生可循环使用,节约反应成本。同时,反应的原子收率可达 100%。

分子筛催化剂在苯乙醛制备中的应用也十分广泛,相关内容将在下节中进行详细总结和阐述。

2.1.2.6　其他方法

达让法(Darzen)则是以苯甲醛和氯乙酸乙酯为原料,在碱催化作用下生成环氧酸酯,该物质再经过碱性水解、脱羧得到苯乙醛[33],反应过程如式(2-16)所示。

$$\text{(2-16)}$$

沈长洲等人[34]以苯乙炔为原料,开辟了苯乙醛制备的新方法,如式(2-17)所示。在强碱性的双相催化体系(KOH-DMSO)中,苯乙炔与甲醇发生烯基化反应生成相应的甲基苯乙烯基醚,该物质进一步水解生成苯乙醛。该方法反应条件温和,但产物选择性不高,副产物较多,产物不易分离纯化。

$$\text{(2-17)}$$

王亚频等人[35]在相转移催化剂(氯化三乙基苄基铵,TEBA)存在下,将二(苯砜基)甲烷与卤代烃在乙腈溶剂中混合,进而发生烃化反应,生成 α-烃基二(苯砜基)甲烷,该产物被氢化锂铝迅速还原成硫代缩醛,然后进一步水解成苯乙醛,反应式如(2-18)所示。这是制备苯乙醛的一种新方法,但步骤较为烦琐,产率也偏低。

$$\text{(2-18)}$$

2.1.3　氧化苯乙烯催化重排制备苯乙醛

从上述多种苯乙醛的制备方法可以看出,传统的氧化、还原或酯缩合反应工艺中,产物苯乙醛由于性质活泼,容易进一步被氧化成苯乙酸,或自身发生羟醛缩合形成大量副产物。此外,催化剂不能循环利用,反应条件苛刻,对设备要求较高;而新型的制备方法,如微生物催化氧化、电解法、甲酰化法等操作烦琐,影响因素不易控制,反应成本较高,产率偏低,不能广泛应用于工业生产中。

相比较而言,通过环氧化物催化异构作用制备醛类物质的方法具有反应简便快捷,反应收率高,条件温和、设备简单,产物纯度高、易分离,催化剂失活慢,并且可通过煅烧再生过程循环利用等诸多优点。目前,氧化苯乙烯在酸性催化剂作用下重排生成苯乙醛反应的研究已成为该领域的热点。该反应的作用机理通常被认为是碳正离子机理[36-37],如式(2-19)所示。首先,氧化苯乙烯的三元环在 B 酸或 L 酸的催化作用下发生开环反应,生成碳正离子中间体。苯环的存在有利于碳正离子的稳定性,因此这个过程中总是生成苄基碳正离子;接着,相邻碳原子上的一个氢原子迁移到碳正离子上,生成苯乙醛,同时产物分子也从催化剂的酸性位上脱离下来,从而恢复了催化剂的 B 酸或 L 酸性位。

$$(2\text{-}19)$$

通过相关文献调研可知,氧化苯乙烯重排异构为苯乙醛反应中使用的催化剂主要可分为两类:一类是非分子筛类催化剂,包括负载型 B 酸、无机盐、离子交换树脂、金属氧化物、杂多酸等;另一类则是分子筛类催化剂,由于分子筛具有特定的孔道分布、良好的择型催化性能、酸性位分布广泛均匀、易于再生循环利用等诸多优点,因此成为该领域研究的重点和热点。

2.1.3.1　非分子筛类催化剂

（1）氧化物

在 SiO_2 的表面上含有大量的 Si—OH 基团，该基团具有一定的弱酸性，因此在某些反应中表现出相应的催化性能。Pope 等人[38]以硅凝胶为催化剂，N_2 为载气，将氧化苯乙烯和水的混合物连续通过催化剂床层，床层温度为 160～180 ℃，停留时间设定为 3～5 s。反应结果经气相色谱分析后得知，氧化苯乙烯转化率为 97%，苯乙醛选择性可达 96%。通过研究发现，在相同的实验条件下，不掺入水的原料通过催化剂床层后得到的产物转化率只有 50%，苯乙醛的选择性变化不大。由此可知，水分子的存在能够大大促进氧化苯乙烯重排异构反应的进行，但水分子在该催化体系中的作用机理还有待进一步的研究。此外，惰性载体的流速非常重要，它不仅控制着反应物与催化剂床层的接触时间，而且惰性气体作为一种稀释剂，使氧化苯乙烯的浓度保持在 5～10 wt%，较低的反应浓度可有效减少每个反应单元中醇醛二聚物的生成，从而提高苯乙醛的选择性。在上述实验条件下，氧化苯乙烯重排反应速率快，所需反应温度低于 180 ℃，同时催化剂价廉易得，通过煅烧再生后还可循环利用，更重要的是，反应产物选择性高，易于分离提纯，整个实验过程也未对环境造成污染。

单金属氧化物的应用存在一定的缺陷，如催化效率不高、寿命较短、适用范围窄等。因此，人们对复合金属氧化物及其改性催化剂进行了新的尝试和研究，结果令人满意。众所周知，由于复合氧化物或磷酸盐上都含有阳离子和氧原子，因此均存在酸碱活性中心。例如由水滑石衍生而来的复合氧化物，一方面具有碱性中心，可吸附 CO_2；另一方面还可催化较低温度下二丙酮醇脱水反应生成异亚丙基丙酮，从而呈现出一定的酸性。目前，水滑石的性质在缩醛反应中的应用得以深入研究，这些工作表明，缩醛反应中起关键作用的是含有羟基的化合物。同时，稀土元素磷酸盐的研究也逐步开展起来。

Kochkal 等人[39]通过煅烧水滑石、稀土元素磷酸盐以及负载于氧化铝上的氟化钾等物质，得到一系列的复合氧化物，后将其应用于氧化苯乙烯的催化异构反应中效果显著。由于氧化苯乙烯的异构反应主要通过酸性位来催化，若催化剂表面含有羟基等碱性官能团，会使苯乙醛发生羟醛缩合生成二聚物,因此,催化剂在使用前需在 723 K 条件下进行脱碳酸、脱羟基处理。这个过程会使水滑石转变为相应的复合氧化物,一方面是水滑石中的 MgAl、MeFe、MgCr 等主要成分转变为 MgO,另一方面是水滑石中的 CoAl 和 ZnAl 等成分转化为 CoO 或 ZnO。预处理过程也会使磷酸盐转化为相应的磷酸盐晶体,而负载于氧化铝载体上的 KF 会转化为 KF 晶体,少量活性组分还会与载体反应生成 K_2AlF_6。氧化苯乙烯的气相重排反应在 423 K 的连续反应器中进行,含有 0.6 mol/L 反应物的甲苯溶液通过高效液相色谱的载气引入反应器中,载气流速 40 mL/min,催化剂用量 0.5 g,接触时间为 3 s,反应产物通过冰浓缩冷却后,取样进行 GC 和 GC-MS 分析。结果表明,产物中除了含有 β-苯乙醛外,还有苯乙醇、苯乙烯等副产物,某些情况下还会有 1,4-二苯基-2-丁烯、苯乙二醇等物质生成。苯乙醇和它的脱水产物苯乙烯,是反应物在酸性或碱性位的催化作用下,发生氢原子转移形成的;1,4-二苯基-2-丁烯则是氧化苯乙烯质子转移后形成的一种低聚物,这也表明固体催化剂上存在一些 B 酸的活性位;微量的苯乙二醇则是氧化苯乙烯发生水合作用生成的,其中水分主要来源于苯乙醛自身的羟醛缩合反应。通过比较作者得出,在氧化苯乙烯气相重排制备苯乙醛的反应中,Zn-Al 混合氧化物的催化活性是最好的,经测定,该催化剂表面的碱性位较弱,同时还具有较强的 L 酸性中心,因此催化剂的稳定性和活性都较高,连续反应 10 h 都没有明显失活,并且苯乙醛的产率大于 95%。

Carlo 等人[40]则将 Ti 元素引进分子筛,合成了一种新型的复合金属氧化物催化剂[xTiO$_2$·(1−x)SiO$_2$],简写为 TS-1,其中 x 为 0.000 1～0.04,后将其应用于氧化苯乙烯的液相重排异构反应中。新型催化剂的制备过程中,SiO$_2$ 来源于四烷基原硅酸盐,最好是四乙基原硅酸盐,或者是简单的氧化硅胶体以及碱金属的硅酸盐,如硅酸钠或硅酸钾。TiO$_2$ 来源于含 Ti 元素的化合物的水解,例如 TiCl$_4$、TiOCl$_2$ 和 Ti(OC$_2$H$_5$)$_4$。有机碱主要是四丙基氢氧化铵。将上述物质混合均匀,在 130～200 ℃的温度区间内搅拌 6～30 d,直到形成 TS-1 晶体的前体。然后将催化剂前体从母液中分离出来,用蒸馏水冲洗并干燥。然后将晶体在 550 ℃的空气中加热 72 h,使其完全消除氮化了的有机碱,从而形成 TS-1 催化剂晶体。通过 XRD 和 IR 表征可知,TS-1 催化剂晶体的 XRD 谱图与纯的 SiO$_2$ 基本相同,只是 SiO$_2$ 谱图中呈现出的一个双衍射峰在 TS-1 晶体的 XRD 谱图中变成一个明显的单衍射峰,这是因为

Ti 元素的引入,使原来的单斜晶系催化剂变成了正交晶系的晶体。此外,新型催化剂的晶面间距明显大于纯的硅酸盐,这是由于 Ti—O 的键长相对于 Si—O 来说更长。将新合成的 TS-1 催化剂应用于氧化苯乙烯的液相重排反应后效果显著。在 250 mL 的配有回流冷凝管和磁力搅拌器的玻璃烧瓶中,加入 100 mL 有机溶剂(甲醇或丙酮),50 g 氧化苯乙烯和 3 g 的 TS-1 催化剂,在 70 ℃条件下进行回流反应,产物通过气液相色谱和质谱进行定性和定量分析,结果表明,在 TS-1 催化剂作用下,甲醇溶剂中氧化苯乙烯的转化率可达 100%,苯乙醛选择性为 95%;而丙酮溶剂中的转化率和选择性分别为 100% 和 98.2%。

(2)无机盐

硅酸盐是由 Si、O 和其他元素(如 Al、Ca、Mg、Na、K、Fe 等)组成的化合物,它是构成多种岩石和土壤的主要成分,其基本结构单元为 SiO_4 四面体,通常以链状、双链状、片状或三维架构的方式连接起来,形成不同的结构。硅酸盐表面通常具有一定数量的 B 酸和 L 酸活性位,因此可作为环氧化物重排反应的活性中心。

1985 年,Ruiz-Hitzky 等人[41]研究了一系列天然硅酸盐(如海泡石、坡缕石、高岭石、埃洛石、叶腊石等)在氧化苯乙烯重排反应中的活性。在 250 mL 苯或四氯化碳溶剂中,加入 3.0 mL 氧化苯乙烯和 0.5 g 催化剂,然后置于 110 ℃条件下加热回流 24 h。反应结束后,将固体催化剂通过离心分离出去,取上层清液在减压条件下蒸馏直到所有的溶剂都除去,最后的产物通过 GC 和 IR 技术进行分析表征。通过吡啶中毒实验,作者还测定了海泡石上活性中心的数量。结果表明,海泡石表面中含有大量的 Si—OH 基团、Mg^{2+} 和少量的 Al^{3+},因为硅酸镁(含 Si—OH、Mg^{2+})、MgO(含 Mg^{2+})、α-Al_2O_3 与 γ-Al_2O_3(含 Al^{3+})、SiO_2(含 Si—OH)在相同条件下催化氧化苯乙烯重排反应时,只生成了少量的苯乙醛,因此作者认为海泡石催化作用的高活性是 Al^{3+} 和 Si—OH 共同作用的结果,从而提出了氧化苯乙烯重排的三步反应机理,如式(2-20)所示:首先,氧化苯乙烯在 Si—OH 和 Al^{3+} 的共同作用下发生开环反应,同时嫁接到催化剂的表面,形成中间产物 I;然后氧原子上的电子转移到铝原子上,形成铝氧四面体和苄基碳正离子 II;最后亚甲基上的 H 原子发生迁移,同时反应物脱离催化剂表面,生成苯乙醛。

$$(2\text{-}20)$$

碱土金属氧化物的表面同时还有酸性位和碱性位,但它们的强度相对较弱,一般不能催化环氧化物的重排反应。但有研究发现,碱土金属的硫酸盐却可有效催化氧化苯乙烯发生重排异构生成苯乙醛,并且该催化剂的用量不同,所产生的催化效果也不同。

Watson 等人[42]以碱土金属的硫酸盐为催化剂,探究了氧化苯乙烯的异构化反应。在惰性溶剂中,如苯、甲苯、2,2,4-三甲基戊烷等,加入氧化苯乙烯反应物(2~20 wt%)和一定量的碱土金属硫酸盐,如硫酸镁或硫酸钙,加热至指定温度进行反应,产物通过色谱进行分析,结果表明,碱土金属氧化物的用量、反应温度是影响该反应产物产率的主要因素,其中,反应温度为 225~325 ℃时结果较好。更重要的是,催化剂用量对反应能否进行起到至关重要的作用。在氧化苯乙烯热解过程的探究中作者发现,少量碱土金属硫酸盐(如硫酸镁或硫酸钙)的存在,可有效减轻氧化苯乙烯热解中的抑制作用,例如,用碱土金属硫酸盐的溶液来润洗反应容器,就可有效改善反应的进程。若再加入少量该催化剂,则可促进氧化苯乙烯的热解反应。在该反应系统中,反应物在溶剂中所占比重约为 2~20 wt%时,相应的碱土金属氧化物含量在 0.1~1.0 wt%之间最佳。此外,一些碱土金属的烷基芳香族磺酸盐,或芳香族磺酸盐等,也可有效促进该反应的进行。这些磺酸盐的直链烷基碳原子最好为15~20,相应的芳香族基团可以是苯基、萘基、蒽基等。然而,对于与碱土金属具有相似结构的钡元素来说,它的化合物对氧化苯乙烯热解反应的催化作用就不及碱土金属了。

(3)离子交换树脂

离子交换树脂是一种具有网状结构、带有活性官能团的不溶性高分子聚合物,根据活性官能团的不同,它可呈现出强酸性($-SO_3H$)、弱酸性($-COOH$)、强碱性($-NR_3OH$)、弱碱性($-NH_2$、$-NHR$、NR_2)等不同的性质。近些年,对于离子交换树脂的研究逐步发展起来,由于它具有易分离、无腐蚀性、无污染、可循环使用等特点,因此多用来代替传统的无机酸、无机碱等催化剂参与反应,并取得了令人满意的结果。

1995 年,周建峰等人[43]首次探究了全氟磺酸树脂(Nafion-H)在有机合成中的应用。由于 Nafion-H 分子中的氟原子有强烈的吸电子性,使该树脂呈现出很强的酸性,因此具有极强的催化作用。作者首先探究了全氟磺酸树脂在烷基化和苄基化反应中的应用,液相中的 Friedel-Crafts 烷基化反应一般会生成复杂的混合物,但若在 Nafion-H 上进行气相烷基化反应时,由于催化剂的酸性较强,并且与反应物接触时间较短(3~7 min),因此得到的产物纯度较高。如苯和苄醇在 Nafion-H 存在下可顺利实现 Friedel-Crafts 苄基化反应,其产物只要趁热过滤,蒸去溶剂即可分离得到。此外,作者还研究了全氟磺酸树脂在酰基化反应、硝化和磺化反应、醚和酯的合成反应、缩醛(酮)的合成及还原反应、Fries 重排反应、关环反应以及脱酰基反应中的应用,效果都很显著。由此可知,Nafion-H 是一种非常有效,并且功能广泛的酸性催化剂,对于精细化学品的合成有很大地推动作用,可以相信,随着今后技术的不断发展,全氟磺酸树脂在催化领域中将有广泛的应用前景。

1999 年,Prakash 等人[44]发现,具有强酸性的全氟磺酸树脂(Nafion-H)能够有效催化芳基环氧化物的重排反应,并且能够高选择性地生成相应的芳基醛或芳基酮。Nafion-H 催化剂的制备方法如下:将 100 g 的 Nafion-K 树脂在煮沸的去离子水中搅拌 2 h 后过滤出来;然后在室温条件下,将树脂置于 400 mL 25% 的硝酸中搅拌 5 h 后再过滤;在新鲜的硝酸中,重复上述的酸处理过程三次,然后搅拌过夜,从而使树脂中的 K^+ 能够最大程度地被质子交换出来;用去离子水洗涤催化剂,直到滤液呈中性;最后,在 100~110 ℃ 的真空条件下干燥树脂 24 h。将新制备的 Nafion-H 树脂应用于氧化苯乙烯的液相重排反应,探究其催化活性。在 25 mL 二氯甲烷溶剂中加入 1.20 g 氧化苯乙烯和 0.25 g Nafion-H 催化剂,在 40 ℃ 条件下搅拌 5 h。然后将催化剂过滤出来,并将溶剂蒸发除去,剩余溶液通过蒸馏得到纯净的苯乙醛 1.13 g,产物产率达 93%。由此可知,全氟磺酸树脂对于氧化苯乙烯重排制备苯乙醛的反应来说,是一种高活性、高选择性、方便无污染的新型催化剂。与其他酸催化系统相比,全氟磺酸树脂对氧化苯乙烯重排反应的催化效率更高,且产物纯度高、易分离,开拓了苯乙醛制备的新方法和新领域,具有很高的理论价值和实际意义。

(4)杂多酸

杂多酸通常都具有很强的 B 酸性位,酸强度略低于 100% 的 H_2SO_4,但比离子交换树脂、金属氧化物、沸石分子筛等催化剂的酸性都强;另外,杂多酸还具有氧化性,既能催化碳正离子的反应,也能催化氧化还原反应。因此,杂多酸成为一种新型的双功能催化剂[45]。常用的杂多酸催化剂有 $H_3PW_{12}O_{40}$、$H_4SiW_{12}O_{40}$、$H_3PMo_{12}O_{40}$、$H_4SiMo_{12}O_{40}$ 等,其中以 $H_3PW_{12}O_{40}$ 的酸性最强。

Costa 等人[46]采用浸渍法制备了 20 wt% 的 $H_3PW_{12}O_{40}/SiO_2$(PW/SiO₂)杂多酸催化剂,并将其应用在氧化苯乙烯的重排反应中,效果显著。首先,将二氧化硅气凝胶(Aerosil 300,S_{BET},300 m²/g)浸渍在 PW 溶液中,然后在 130 ℃,压力为 0.2～0.3 Torr(1 Torr≈133.322 Pa)的真空条件下预处理 1.5 h。钨和磷的含量通过电感耦合等离子原子发射光谱分析法进行测定;在 −196 ℃ 的条件下进行 N_2 吸附实验,测定催化剂的表面积和孔隙率;此外,利用 XRD 和 ³¹P MAS NMR 技术对新合成的 20 wt% PW/SiO₂ 进行表征。结果显示,在 -15×10^{-6} 处有一个 $H_3PW_{12}O_{40}$ 的特征峰,该催化剂为无定形结构,SiO₂ 上 PW 的负载量为 20% 以上;此外,通过吡啶吸附的微量热法还测定了 PW/SiO₂ 的酸度,该催化剂酸性很强,但比表面积较小(<5 m²/g)。然后,将杂多酸催化剂应用于氧化苯乙烯的重排反应中,考察其催化活性。在盛有 20 mL 环己烷溶剂的玻璃烧瓶中,加入 1.4～3.0 mmol 的氧化苯乙烯、2 mmol 的十二烷内标物以及 1～13 mg 的 PW/SiO₂ 杂多酸催化剂,然后在特定温度的常压条件下搅拌混合物使其发生反应,产物由气相色谱进行分析。研究结果表明,少量 PW/SiO₂(0.006 wt%)的存在可有效催化氧化苯乙烯的重排反应,此时反应转化率和选择性均可达 95% 以上。但由于该催化剂酸性太强,若加入量过多,则会生成大量的聚合物,使催化剂快速失活,从而明显降低苯乙醛的选择性。

(5)小结

从上述非分子筛类催化剂来看,氧化苯乙烯的重排异构反应可由 B 酸性位和 L 酸性位来催化,而且催化剂酸性位越强,活性越高。但催化剂酸性过强,也有利于反应产物(醛或酮)发生羟醛缩合生成二聚物,这不仅会造成反应的选择性降低,同时也加快了催化剂的失活速率。另外,如果固体酸催化剂表面存在碱性位,反应的选择性和催化剂的稳定性也会大大下降,这是因为氧化苯乙烯在碱性位上也能发生重排反应,生成了烯丙醇类化合物,而且酸性重排产物(醛或酮)在碱性位上更容易发生羟醛缩合生成大量的聚合物。因此,选择一种酸强度大小合适的酸性催化剂对氧化苯乙烯的重排反应至关重要。

2.1.3.2　分子筛类催化剂

分子筛的基本结构单元是硅氧四面体和铝氧四面体(TO_4,T＝Si或Al),四面体间通过共享顶点的氧原子而连接成多元环。由于硅原子和铝原子半径相近,离子的电子层结构也相同,因此,由常规的结构测定方法来测定分子筛四面体骨架中铝原子和硅原子的排列与分布是非常困难的。但规则之一就是 Lowenstein 规则[47],即四面体位置中的两个铝原子不能相邻的,一个铝氧四面体周围只能是四个硅氧四面体。基本结构单元组成的多元环相互连接就形成了不同三维结构的笼或腔。笼或腔之间通过孔道相互连通,这些孔道可以是一维、二维或三维的,孔径大小一般为 0.25～1 nm,它们是分子扩散的路径,对化学反应往往具有一定的择形性,同时还能抑制积碳的形成。此外,因积碳而失活的分子筛还可通过煅烧再生后循环利用。

分子筛催化剂还具有一个非常重要的性质,那就是铝氧四面体(AlO_4^-)带一个单位的负电荷。为了保持骨架的电中性,必须有额外的阳离子来补偿。因此,分子筛催化剂中常能引入其他阳离子,如 Na^+、K^+、Ca^{2+}、Mg^{2+} 等,它们可以用来与 H^+、NH_4^+、Ag^+、La^{3+} 等离子进行交换,从而提高分子筛催化剂的活性。

分子筛催化剂具有规则的孔道结构、较高的比表面积和水热稳定性,被广泛应用于石油炼制、石油化学品和精细化学品生成等工业领域[48]。因此,分子筛催化剂在氧化苯乙烯重排异构反应中的应用研究也必然十分广泛。

(1)ZSM-5 型分子筛

ZSM-5 分子筛具有 MFI 型骨架结构,属于正交晶系,硅铝比可在较大范围内变化。ZSM-5 的骨架中含有两种相互交叉的孔道体系,通过十元环相互连接,分别为直孔道(5.3×5.6 Å)和 S 型孔道(5.1×5.5 Å),它们为反应物分子在孔内的扩散提供了便利,在一定程度上抑制了积碳的形成。

Smith 等人[6]研究了氧化苯乙烯液相重排反应中 HZSM-5 分子筛的应用。首先,在 20 ℃条件下,以 HZSM-5 分子筛为催化剂,通过实验室确定出最适用于该反应体系的溶剂为氯仿。接着,作者考察了不同硅铝比的 HZSM-5 对反应的影响,实验发现,HZSM-5 分子筛的硅铝比在 112.5～500 变化时,苯乙醛的产率变化范围为 73%～79%,这说明催化剂硅铝比对液相中氧化苯乙烯的重排反应影响不大。然后,作者将催化剂的用量由 0.5 g 增加至 1.0 g 后发现,产物的产率反而降低了,这是因为较多酸性位的存在,增加了聚合物的形成;若将催化剂用量从 0.5 g 减至 0.2 g 时,苯乙醛产率基本不变,只是反应完全所需时间较长。最后,作者还考察了 HZSM-5 分子筛对含有取代基的氧化苯乙烯重排反应的催化作用,这里的取代基可以是给电子基团,亦可以是吸电子基团,而后者生成相应的苯乙醛时选择性更大。反应结束后,将 HZSM-5 分子筛催化剂在 400 ℃条件下进行煅烧再生处理,并加以循环利用,结果显示该催化剂再生至少 6 次后仍具有较高的催化活性。

Brunel 等人[37]也研究了 HZSM-5 分子筛对氧化苯乙烯液相重排反应的影响。在 40 mL 甲苯溶剂中,加入 1 g 反应物和 0.25 g 不同硅铝比的 HZSM-5 催化剂,在 95 ℃条件下加热 0.5 h,实验结果也证明了硅铝比对液相反应影响不大。此外,考虑到 HZSM-5 分子筛和氧化苯乙烯分子的相对大小,作者假设分子筛外表面的弱酸性位足以催化反应的进行。于是,他们对催化剂采用菲啶中毒和硅烷化处理来破坏其外表面的酸性位,然后将处理过的催化剂应用于氧化苯乙烯的重排反应,结果表明,反应物的转化率随着菲啶浓度或硅烷化数量的增加而大幅降低。这说明 HZSM-5 分子筛的外表面酸性位在催化过程中起重要作用,此外,硅烷化处理后的催化剂,内表面酸性位仍可在较小程度上催化反应的进行。

Hoelderic 等人[49]则研究了氧化苯乙烯的气相重排反应,实验发现,在多种结构的分子筛催化剂中,H-ZSM-5 的催化活性和稳定性是最好的。实验过程中将纯的氧化苯乙烯连续通过催化剂床层,其单位时间内单位质量的催化剂所处理的原料量(记作 WHSV)为 3.0 h^{-1},在 200 ℃条件下连续反应 6 h,催化剂发生了明显的失活现象,而在 300 ℃下连续反应 100 h,催化剂也没有明显失活,可见高温更有利于此反应的进行。Paparatto 等[5]则把氧化苯乙烯和水的混合物在 200 ℃条件下连续通过装有 HZSM-5 分子筛的固定床反应器，WHSV $= 30$ h^{-1}，反应的转化率可达 99%，生成苯乙醛的产率可达 96%。该反应连续进行 6 h 后催化剂没有明显失活。通过对比可知，在水存在的条件下，单位时间单位质量的 HZSM-5 处理的原料量提高了 10 倍，而且催化剂的稳定性也得到了显著提高。可见水分子的存在不仅能有效促进氧化苯乙烯的重排反应，还在一定程度上抑制了积碳的发生，延长了催化剂的寿命。

(2)X、Y 型分子筛

X 型和 Y 型分子筛都具有天然矿物八面沸石(FAU)的骨架结构，孔道为三维的十二元环，尺寸为 7.4 $\text{Å} \times 7.4$ Å。习惯上把硅铝比为 1～1.5 之间的八面沸石称为 X 型非分子筛，而把硅铝比大于 3.0 的称为 Y 型分子筛。由于八面沸石具有较大的空间体积(约占 50%)和三维十二元环孔道体系，因此它在催化方面有着非常重要的应用。

Smith 等人[6] 发现 HY 型分子筛催化剂能够有效催化氧化苯乙烯在氯仿溶剂中的重排反应，生成苯乙醛的产率为 88%。同时，与 HZSM-5 相比，氧化苯乙烯液相重排反应在 HY 分子筛的催化作用下反应速率更快，即 HY 分子筛表现出更大的活性，这可能是由于 Y 型分子筛的孔径较大，使得反应物分子随溶剂的流动更容易在孔内扩散，从而与较多的活性位接触；同时较大的孔径还降低了反应物在孔内的浓度，从而在一定程度上抑制了聚合反应的发生，提高了产物的选择性。Chamoumi 等人[36] 还采用菲啶毒化和烷氧硅烷化学蒸气沉降法，来减小 HY 分子筛的催化活性，从而考察分子筛内表面的酸性位是否参与了氧化苯乙烯的重排反应。实验结果表明，催化剂外表面的活性位在氧化苯乙烯的重排反应起主要作用，但当这些活性位被毒化后，反应仍可缓慢地进行，这说明晶体内部的酸性位在一定程度上也参与了反应。

Mahmoud 等人[50] 用金属交换后的 Y 型分子筛催化氧化苯乙烯的气相重排反应，效果显著。本实验的主要内容就是制备这种新型的 Y 型催化剂，它是以碱金属交换后形成的 Y 型分子筛为原料，将其浸泡在第二种待交换金属元素的卤化物或硝酸盐溶液中 1～2 天，从而将第二种金属元素引入 Y 型分子筛中。第二种金属元素可以是 ⅡA、ⅠB、ⅡB、ⅢB 族的元素，如 Mg、Ca、Ag、Cu、和 La 等。引入的元素所占比例并没有严格的限制，最好是在 20%～80%。交换后得到的新催化剂经过过滤、洗涤将残留的氯化物或硝酸盐除去，然后在真空环境中干燥，最后经过煅烧处理后备用。实验过程中，将氧化苯乙烯连续通过含有新制备的 Y 型催化剂的固定床反应器,或者在惰性溶剂中进行,如脂肪烃、芳香烃、卤代烃或乙醚等溶剂均可使用,最适应的反应温度为 250～325 ℃。不同金属交换得到的 Y 型分子筛,对于氧化苯乙烯重排反应的催化活性是不同的,实验发现,在这种新型催化剂的作用下,产物产率可达 80％左右。

(3)M 型分子筛

M 型分子筛的骨架结构为 MOR 型,又称丝光沸石。天然丝光沸石的硅铝比约为 5,而人工合成的丝光沸石硅铝比可以在 4～12 之间变化。M 型分子筛的骨架结构存在着十二元环和八元环直孔道,八元环孔道位于十二元环孔道之间。十二元环窗口呈椭圆形,尺寸为 6.5 Å×7.0 Å;八元环窗口尺寸为 2.6 Å×5.7 Å。通常情况下,反应物分子都无法通过八元环的孔道,只能沿着十二元环孔道的方向扩散,如果该孔道被堵塞,那这个催化剂就失去了活性,M 型分子筛对孔内扩散的限制使其应用范围也相对较窄。Smith 等人[6]发现 HM 型分子筛能够催化氧化苯乙烯的液相重排反应,生成苯乙醛的产率可达 86％。与其他类型的分子筛相比,氧化苯乙烯在 HM 分子筛上的重排反应所需时间更长,这就是由于 M 型分子筛的孔道结构限制了反应物的扩散,从而降低了反应速率。

2004 年,Salla 等人[2]将氟元素引入丝光沸石中,制备出氟含量分别为 1 wt％(HM1F)和 10 wt％(HM10F)的新型 M 分子筛,通过 NH₃-TPD 和 FTIR 等方法表征后发现,HM1F 分子筛比 HM 具有更强的酸性,而 HM10F 则有一定程度的脱铝现象,从而失去了一部分 B 酸性位。接着,作者采用微波照射法考察了该分子筛对间歇式反应器中氧化苯乙烯重排反应的催化活性。实验发现,HM1F 对间歇式反应条件下氧化苯乙烯重排反应的催化活性是最高的,将少量氟元素引入 M 型分子筛外部结构框架中,增加了催化剂表面的 B 酸性位,从而提高了其反应活性,但采用的微波照射法则会加快该催化剂的失活速率。当采用甲醇作为液相反应的溶剂时,氧化苯乙烯的开环反应就可由 B 酸和 L 酸性位同时作用,在这种情况下,HM10F 分子筛的外表面由于存在较多的 L 酸性位,因此表现出了更高的活性。

(4)β 型分子筛

β 型分子筛是由两个结构不同但却紧密相连的多形体 A 和 B 形成的混合晶体,具有高度的缺陷,这两种结构都具有十二元环的三维孔道结构。多形体 A 中十二元环孔道的尺寸为 7.3 Å×6.0 Å（水平方向）和 5.6 Å×5.6 Å（垂直方向），由于其具有手性特征，因此在手性催化和分离方面有着极为重要的应用。多形体 B 的结构目前还没有精确给出。人工合成的 β 分子筛硅铝比都大于 5，由于结构中存在较多缺陷，因此该分子筛在应用过程中表现出一些特有的活性。在 Smith 等人[6]对氧化苯乙烯液相重排反应的研究中也采用了 Hβ 分子筛，在该反应中 β 分子筛表现出了较 Y 型分子筛更高的活性，苯乙醛的产率可达 81%。

（5）其他类型的分子筛

科技的不断进步和人类实践活动的不断深入，使分子筛及其相关材料的发展也日新月异。从天然的到人工合成的分子筛；从低硅分子筛到高硅分子筛；从硅铝分子筛到磷铝分子筛；从超大微孔到介孔材料的出现；从无机多孔骨架发展到 MOFs，以及正在兴起的大孔材料等。在氧化苯乙烯重排制备苯乙醛的研究中，也涉及了多种新型催化剂的应用。Hoelderich 等人[49]就合成并探究了多种分子筛对氧化苯乙烯重排反应的催化活性，例如硅铝分子筛、硼硅酸分子筛、含有铁元素的硅酸盐分子筛等。此外，作者还研究了金属离子交换后的 A 型分子筛；多种类型的磷酸铝分子筛，如 APO-5、APO-9 和 APO-21；以及磷硅铝分子筛 SAPO-5 等。

（6）小结

从上述分子筛催化剂在氧化苯乙烯重排反应中的应用可以看出，规则的孔道结构、均匀的活性位分布、良好的水热稳定性等使分子筛催化剂具有还很高的研究价值。对于苯乙醛的制备反应来说，分子筛催化剂的酸性质（酸强度、酸量、酸密度、酸类型）和孔道性质（孔结构、孔径）是其催化活性的两个主要因素。酸性位是催化反应的活性中心，酸性越强，催化活性越高，而酸量、酸密度、酸类型或多或少也会影响催化剂的活性和寿命；此外，由于分子筛催化剂中一部分酸性位分布在孔道内，因此，反应物能否快速扩散并有效地与微孔内的活性位接触，或产物能否尽快地扩散出去，或反应中过渡态分子能否在微孔内形成，都与孔道性质密切相关。

2.1.4　溶剂对化学合成反应的影响

许多的化学合成反应需在溶剂中进行，而由溶剂引起的溶剂效应对反应历程和反应速度都有极大的影响,因此选择适用于某一反应的溶剂至关重要。对于氧化苯乙烯的液相重排反应来说,也必须考虑溶剂与反应体系中溶质、催化剂等的相互作用,进而选取合适的溶剂,促进反应向有利的方向进行。

2.1.4.1 溶剂的类型

(1)质子溶剂和非质子溶剂

质子溶剂就是能够提供质子与溶质分子以氢键相缔合,或形成配位阳离子的一类溶剂。一般为含有羟基、氨基、羧基或酰胺类的化合物,如 H_2O、$NH \cdot _3H_2O$、C_2H_5OH、$HCOOH$、CH_3COOH、$C_2H_5NH_2$ 等。

相反地,不能给出质子的溶剂即为非质子溶剂。按其与溶质分子的相互作用关系又可分为:非质子非极性溶剂,如苯、乙醚、四氯化碳等;非质子极性溶剂,如乙腈(CH_3CN)、N,N-二甲基甲酰胺(DMF)、二甲基亚砜(DMSO)、六甲基磷酰三胺(HMPA)、丙酮(CH_3COCH_3)等。

(2)极性溶剂和非极性溶剂

极性可理解为与溶剂和溶质分子间的所有相互作用都有关的分子性质的总和,例如:库仑力、定向力、诱导力、色散力、氢键和电子对给予体/电子对接受体相互作用力等。溶剂极性大小通常用偶极矩(μ)和介电常数(ε)来量度。一般来说,$\varepsilon > 15$ 的溶剂为极性溶剂,$\varepsilon < 15$ 的为非极性溶剂[51]。

极性溶剂是指溶剂分子中含有极性官能团或分子结构自身有极性的溶剂,其极性强,介电常数大。常见官能团的极性按从小到大的顺序排列如下:

$-CH_3$,$-CH_2-$,$-CH=$,$-CH\equiv$,$-O-R$,$-S-R$,$-NO_2$,$-N(R)_2$,$-OCOR$,$-CHO$,$-NH_2$,$-OH$,$-COOH$,$-SO_3H$

非极性溶剂由非极性分子组成,介电常数低,又称惰性溶剂,多为饱和烃类或苯类化合物。常用的非极性溶剂有氯仿、苯、液体石蜡、植物油、乙醚、四氯化碳等。

2.1.4.2 溶剂与溶质间的作用力

溶剂与溶质间的作用力主要分为两种[52],一种即是广义的分子间力,它包括取向力、诱导力、色散力;另一种则是特殊的作用力,它包括氢键、电子对的给予、电子对的接受、疏溶作用。

溶剂与溶质间的作用力之一就是溶剂化效应,它是溶剂分子通过自身与溶质间的相互作用而逐步累积在溶质周围的过程。它在化学反应中的表现是多方面的,可以影响化学反应的平衡、活化能、反应速度等,因此,对于某一液相反应来说,选择合适的溶剂至关重要。

2.1.4.3　溶剂对化学反应的影响

许多化学反应是在溶剂中进行的,在设计某一反应时,不仅要考虑适宜的反应物、反应器、反应温度、反应时间等因素,更要考虑到溶剂对反应的影响,这个影响主要包括三个方面:一是对化学平衡的影响[9,53];二是对反应速率的影响[54];三是对反应历程和立体化学的影响[51,55]。

例如,研究发现[9]对于式(2-21)所示的 Bronsted 酸碱平衡来说,随着溶剂极性的增加,质子转移平衡更有利于向离子结构(b)方向进行,即在 B 酸的催化作用下,溶剂极性增加有利于平衡向碳正离子方向移动。而对于式(2-22)所示的 Lewis 酸碱平衡来说,L 酸催化作用下的反应中,非质子溶剂更有利于碳正离子的形成。

$$A-H+IB \xrightleftharpoons{\text{Association}} A-H\cdots B \xrightleftharpoons[\text{Transfer}]{\text{Proton}} A^{\ominus}\cdots H-B^{\oplus} \xrightleftharpoons{\text{Dissociation}} A^{\ominus}+ H-B^{\oplus}$$

$$\text{(B酸)} \qquad\qquad \text{(a-共价氢键)} \qquad\qquad \text{(b-离子氢键)}$$

$$(2\text{-}21)$$

$$A^{\oplus} + IB^{\ominus} \xrightleftharpoons[\text{Dissociation}]{\text{Association}} A^{\oplus} IB^{\ominus} \xrightleftharpoons[\text{Ionization}]{\text{Electrontransfer}} A-B$$

$$\text{(L酸)} \qquad\qquad \text{(a-离子对)} \qquad\qquad \text{(b-共价键)} \qquad (2\text{-}22)$$

2.1.4.4　溶剂与绿色化学

绿色化学是指在制造和应用化学产品时,能够有效利用(最好可再生)原料,消除废物和避免使用有毒的和危险的试剂和溶剂,从而能够保护环境的化学技术,又称环境友好化学。从绿色化学的角度考虑,在选取溶剂时应注意以下几个方面:对环境的负面影响最低、能耗较低、目标产物易分离、产率和选择性较高、反应速率较快等。

2.1.5 实验设计在反应条件选择中的应用

一个反应的转化率和产率会受多因素影响,且各因素间也有可能存在一定的相互作用。若采用传统的单因素法对实验条件进行逐一考察,会导致实验周期太长,且忽略了不同因素的相互作用。与传统的方法相比,实验设计就可以在同一个反应中输入多个变量,置信度较高,同时也可凭借少量的实验和最有效最经济的方法来获得较优或最优的反应结果。因此,已有很多研究者在反应条件选择的过程中,充分利用实验设计并取得了非常好的效果。

王苹等人[3]在研究苯乙醛的新合成方法中就采用了实验设计。他们以苯乙二醇为原料,以 ZSM-5 分子筛为催化剂,以甲苯为溶剂,选用 $L_9(3^4)$ 正交表进行正交试验,重点考察了催化剂用量、溶剂用量、反应时间三种因素对反应结果的影响,结果表明,催化剂用量对反应的转化率和选择性起决定性作用,同时,反应时间也有较大影响,当 ZSM-5 催化剂用量为 4 g,反应时间为 4 h 时,苯乙醛产率最高。

2.1.6 研究内容

目前,苯乙醛的主要生产工艺采用固定床氧化苯乙烯重排反应,存在的问题是产物易发生聚合积碳,导致催化剂失活。为此,本章研究了液相条件下氧化苯乙烯的催化重排反应。主要的研究内容如下:

(1)以 HZSM-5(Si/Al=50)分子筛为催化剂,选取 DMF、甲醇、乙醇、丙酮、1,2-二氯乙烷、甲苯和环己烷为溶剂,期望通过比较不同性质溶剂对反应转化率和选择性的影响,选出最佳溶剂,并探索研究液相条件中的溶剂是否能有效抑制积碳生成,从而延长催化剂寿命,并提高产物选择性。

(2)采用 XRD、FT-IR、NH_3-TPD 等分析手段对 HZSM-5 分子筛进行表征。在上述实验筛选出的适宜溶剂中,进一步研究不同硅铝比分子筛对反应催化活性的影响。

(3)在上述实验选择出的适宜溶剂和催化剂的基础上,选择反应温度、反应时间、催化剂用量和溶剂用量为影响因素,以苯乙醛的产率为响应值,采用 2_{IV}^{4-1} 部分因子实验设计法优化反应条件。

2.2　实验部分

主要介绍在实验过程涉及的相关原料,试剂,催化剂表征手段,以及数据分析方法。

2.2.1　原料与试剂

实验过程中所涉及的原料和试剂如表 2-1 所示。

表 2-1　原料和试剂

试剂名称	纯度规格	生产厂家或经销商
氧化苯乙烯	>98.0%	TCI(上海)化成工业发展有限公司
甲醇	>99.5%	天津市光复科技发展有限公司
N,N-二甲基甲酰胺(DMF)	>99.5%	天津市光复科技发展有限公司
丙酮	>99.5%	天津市江天化工技术有限公司
乙醇	>99.7%	天津市光复科技发展有限公司
1,2-二氯乙烷	>99.0%	天津市光复科技发展有限公司
甲苯	>99.5%	天津市江天化工技术有限公司
环己烷	>99.5%	天津市光复科技发展有限公司
正己烷	>98.0%	天津市江天化工技术有限公司
高纯 N_2	>99.99%	天津市六方气体有限公司
普通 H_2	>99.99%	天津市六方气体有限公司
空气	>99.99%	天津市六方气体有限公司

2.2.2　催化剂预处理

本实验中使用的 HZSM-5 分子筛催化剂均购买于南开催化剂厂,硅铝比分别为 25、38、50 和 80,依次记作 HZ-25、HZ-38、HZ-50、HZ-80。

使用前,将催化剂压片、破碎、过筛,取 20~30 目的颗粒置于马弗炉中,以 5 ℃/min 的升温速率升至 500 ℃,并保持 4 h。

2.2.3 催化剂表征

2.2.3.1 X 射线衍射分析(XRD)

X 射线衍射(XRD)是鉴定和表征催化剂物相结构的基本手段。由于不同晶体都有其特定的结构参数和化学组成,当某一特定晶体受到 X 射线照射时,就会产生该晶体特定的衍射谱图。然后根据衍射条件,即布拉格公式 $2d\sin\theta = n\lambda$,就可以进一步分析得到晶体的晶面间距等信息。

本章中 HZSM-5 分子筛催化剂的 X 射线衍射分析是在德国布鲁克 AXS 有限公司生产的 Philip X'pert Pro 型 X 射线衍射仪上进行的,具体分析条件如表 2-2 所示。扫描后通过 XRD Jade 和 Origin 软件对数据进行分析。

表 2-2　XRD 测试条件

实验参数	实验条件
金属靶	Cu Kα($\lambda = 1.540\,56$ Å)
管电压	40 kV
管电流	40 mA
扫描范围	5°~50°
扫描步长	5°/min
扫描方式	连续扫描

2.2.3.2 傅里叶变换红外光谱(FT-IR)

红外光谱是物质结构分析的重要工具,在催化领域的研究中,红外光谱常用于表征分子筛的骨架结构、分析骨架中的元素组成、阳离子分布情况、表面羟基结构和酸性位等。

本章采用溴化钾压片法研究了 HZSM-5 分子筛的骨架结构,通过美国赛默飞世尔公司生产的 Nicolet 380 红外光谱仪进行测定。具体的实验步骤如下:

(1)称量。催化剂与溴化钾需按 1:50 的质量比混合。

(2)研磨。将上述称取的两种固体放到玛瑙研钵中充分研磨使两者混合均匀。

(3)压片。将大约 0.035 g 的催化剂与溴化钾混合物放在压片器皿中,在 5 MPa 条件下压片约 1 min,得到直径 1 cm 的圆形薄片,薄片要求中心透明、没有裂痕、厚度均匀。

(4)测试。将薄片置于红外光谱仪中进行扫描,扫描范围 4 000~400 cm^{-1},分辨率 0.5 cm^{-1},扫描次数 32 次。样品扫描前先进行背景采集,然后再采集催化剂的红外光谱数据。

2.2.3.3　NH_3-TPD 测试

氨气的程序升温脱附技术(NH_3-TPD)是研究固体酸催化剂表面酸性质的最常用工具。本章采用实验室组装的 NH_3-TPD 仪,对购买来的 HZSM-5 分子筛催化剂进行酸性测试。该仪器的操作流程图如 2-1 所示。

具体的实验步骤如下:

(1)装填样品。准确称取颗粒大小为 20~30 目的 HZSM-5 分子筛 100 mg,装填到石英管中,并进行严格密封。

(2)检查气密性。装置连接完成后,以氮气为载气,流速设定为 50 mL/min,待气体流量计上流速数据显示稳定后,关闭热导池处的气路检查装置气密性,若此时气体流量计上数据迅速降为零,并且在一定时间内保持稳定,那说明该装置的气密性良好。否则需尽快逐一排查漏气部位并加以处理。

(3)分子筛预处理。将氮气流速稳定在 50 mL/min,然后程序升温至 500 ℃后对分子筛催化剂热处理 2 h。

(4)NH_3 吸附。分子筛热处理结束后将其冷却到 30 ℃,待显示器上基线达到平稳后进行 NH_3 吸附,直到吸附饱和。

(5)物理脱附。将分子筛催化剂从 30 ℃程序升温至 150 ℃后保持 1 h,此时是脱附分子筛上物理吸附的 NH_3。

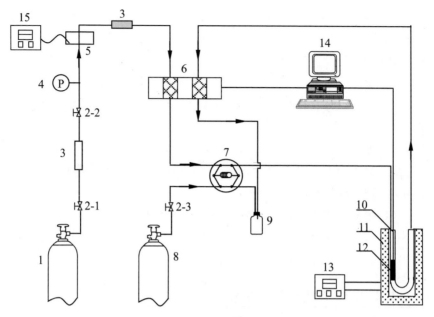

图 2-1　NH₃-TPD 装置的示意图

1. 氮气瓶；2. 稳流阀；3. 载气过滤器；4. 压力表；5. 质量流量计；6. 热导检测器；7. 六通阀；8. 氨气瓶；9. 尾气吸收瓶；10. U 形管反应器；11. 加热炉；12. 催化剂样品；13. 温度控制仪；14. 数据采集系统；15. 质量流量计控制仪

(6)采集数据。物理脱附后的催化剂，以 15 ℃/min 的升温速率从 150 ℃ 逐步升至 500 ℃，同时采用热导池检测器检测化学脱附出的 NH₃，并通过计算机记录相应的温度和信号数据。

2.2.3.4　N₂ 吸附-脱附

催化剂比表面积和孔结构的测定对于表征催化剂的基本性质来说是非常重要的，常采用的方法就是氮气吸附-脱附法，该方法可用来表征多孔材料的孔结构，如孔径大小和分布、孔体积、比表面积等。

本章中 HZSM-5 分子筛催化剂的比表面和孔径分布测定采用的是美国 Quantachrome Instruments 公司所生产的 Autosorb-1 型吸附仪。测试前，首先要将催化剂样品在 300 ℃ 条件下抽真空 3 h，真空度 10^{-2}。催化剂的比表面积由 BET 式计算得到，孔体积和孔径大小及分布等相关参数则由 BJH 方法计算而来。

2.2.4　定性分析

本实验采用 GC(Agilent 6890N)-MS(HP5973N)联用仪,对原料和反应产物中各个组分进行定性分析。测量条件如表 2-3 所示。

表 2-3　GC-MS 分析条件

项目	分析条件
色谱柱	毛细管柱 HP-5 ms
柱前压	14.5 psi
分流模式	分流,分流比 200∶1
载气	高纯氦气
恒压或恒流模式	恒压
汽化室温度	250 ℃
离子源	电子轰击型离子源(EI)
柱温	初始温度 90 ℃,保持 6 min,然后以 30 ℃/min 的速率升温至 280 ℃,保持 11 min

2.2.5　定量分析

本实验的反应产物采用 Agilent 6820 气相色谱仪进行定量分析,色谱柱为毛细管柱 VF-5ms(30 m,0.25 mm,0.25 μm),检测器为氢火焰离子化检测器(FID),具体分析条件如表 2-4 所示。

表 2-4　气相色谱分析条件

项目	分析条件
进样量	0.2 μL
柱前压	0.1 MPa
分流模式	分流,分流比约为 275∶1
汽化室温度	250 ℃

续表

项目	分析条件
FID 检测器温度	280 ℃
载气	高纯氮气,40 mL/min
柱箱温度(程序升温)	初始温度 90 ℃,保持 6 min,然后以 30 ℃/min 升温至 280 ℃,保持 11 min

2.2.6 数据处理

采用与气相色谱仪相配套的软件 Agilent Cerity QA-QC 对 FID 检测器信号进行收集并处理后,可以得到反应产物中各个组分的峰面积和峰高。催化剂表面的积碳无法用色谱分析,但由于积碳量相对较少,可以忽略不计,因此认为反应前后质量守恒。本章采用相对质量校正因子对各个组分进行定量,i 组分质量分数计算式如式(2-23)所示。

$$W_i = \frac{f_i \cdot A_i}{\sum_i (f_i \cdot A_i)} \times 100\%　　　　(2\text{-}23)$$

其中,f_i 为 i 组分的相对质量校正因子;A_i 为 i 组分的峰面积。

由于本实验中所涉及的试剂很难得到标准样品,不能直接测定其相对摩尔校正因子,因此本章采用有效碳数法(Effective Carbon Number,ECN)来估算各个组分的相对质量校正因子,其计算式如式 2-24 所示。

$$f_i = \frac{ECN_s}{ECN_i} \times \frac{M_i}{M_s}　　　　(2\text{-}24)$$

其中,f_i 为 i 组分的相对质量校正因子;M_s 为基准物质 s 的摩尔质量,g/mol;M_i 为 i 组分的摩尔质量,g/mol;ECN_s 为基准物质 s 的有效碳数;ECN_i 为 i 组分的有效碳数。

通过 GC-MS 定性分析得到各反应产物中存在的物质,再经过 GC 确定各物质的峰面积,然后采用相对质量校正因子[56]计算各物质的百分比,最后由式(2-25)和式(2-26)计算出氧化苯乙烯的转化率和苯乙醛的选择性。

$$C_{so} = \frac{n_0 - n_0{'}}{n_0} \times 100\% \qquad (2-25)$$

其中，C_{so} 为氧化苯乙烯的转化率；n_0 为原料中氧化苯乙烯的摩尔量；$n_0{'}$ 为产物中氧化苯乙烯的摩尔量。

$$S_{pa} = \frac{n_1' - n_1}{n_0 - n_0'} \times 100\% \qquad (2-26)$$

其中，S_{pa} 为苯乙醛的选择性；n_1' 为产物中苯乙醛的摩尔量；n_1 为原料中苯乙醛的摩尔量；n_0 为原料中氧化苯乙烯的摩尔量；n_0' 为产物中氧化苯乙烯的摩尔量。

2.3　溶剂对液相重排反应的影响

以 HZ-50 分子筛为催化剂，选取 DMF、甲醇、乙醇、丙酮、1,2-二氯乙烷、甲苯和环己烷为溶剂，比较不同性质溶剂对反应转化率和选择性的影响，选出最适宜氧化苯乙烯液相重排反应的溶剂，并分析液相反应中溶剂对有效抑制积碳形成所发挥的重要作用。

2.3.1　实验方法

在配有循环水冷凝管、搅拌器以及温度计的 100 mL 三口烧瓶中，加入 5 mL 氧化苯乙烯和 50 mL 溶剂，将烧瓶置于恒温水浴锅中加热至 50 ℃，加入预处理过的 HZ-50 分子筛催化剂颗粒 2.5 g，一定的反应时间后，取样进行定性和定量分析。实验中所用到溶剂的基本性质如表 2-5 所示。

表 2-5　实验中所用溶剂的基本性质

溶剂	介电常数	极性	类型	沸点/℃
DMF	36.7	极性	非质子型	152.8
甲醇	32.7	极性	质子型	64.7
乙醇	24.5	极性	质子型	78.3

续表

溶剂	介电常数	极性	类型	沸点/℃
丙酮	20.7	极性	非质子型	56.5
1,2-二氯乙烷	10.4	弱极性	非质子型	82.9
甲苯	2.4	非极性	非质子型	110.6
环己烷	2.0	非极性	非质子型	80.7

2.3.2 实验结果

不同溶剂中氧化苯乙烯液相重排反应结果如表 2-6 所示,其中溶剂极性从上到下依次减小。

表 2-6 HZ-50 分子筛上溶剂对氧化苯乙烯液相重排反应的影响

溶剂	反应时间/h	转化率 C_{so}/%	选择性 S_{pa}/%
DMF	5	0	0
甲醇	1	98.4	50.7
甲醇	2	99.1	49.3
甲醇	3	99.3	49.6
甲醇	5	99.2	49.5
乙醇	1	27.9	48.4
乙醇	2	42.4	44.3
乙醇	3	69.6	45.4
乙醇	5	68.7	43.1
丙酮	1	92.3	80.7
丙酮	2	91.1	83.5

续表

溶剂	反应时间/h	转化率 C_{so}/%	选择性 S_{pa}/%
丙酮	3	99.0	82.7
丙酮	5	99.0	76.5
1,2-二氯乙烷	1	77.7	80.8
1,2-二氯乙烷	2	87.4	81.2
1,2-二氯乙烷	3	98.1	83.4
1,2-二氯乙烷	5	98.5	83.9
甲苯	1	55.4	85.0
甲苯	2	66.6	86.0
甲苯	3	75.8	86.2
甲苯	5	80.2	88.3
环己烷	1	55.3	89.6
环己烷	2	74.4	92.4
环己烷	3	82.3	90.2
环己烷	5	80.4	87.0

注：HZ-50 2.5 g，氧化苯乙烯 5 mL，溶剂 50 mL，温度 50 ℃。

从实验数据可以看出，除 DMF 和乙醇外，其余溶剂极性越大，重排反应速率越快，而苯乙醛选择性越低。如反应 1 h 时，氧化苯乙烯转化率从上到下逐渐减小，即甲醇（98.4%）＞丙酮（92.3%）＞1,2-二氯乙烷（77.7%）＞甲苯（55.4%）≈环己烷（55.3%）；而产物选择性却依次增大，甲醇（50.7%）＜丙酮（80.7%）≈1,2-二氯乙烷（80.8%）＜甲苯（85.0%）＜环己烷（89.6%）。这是因为溶剂极性越大，越有利于反应平衡向碳正离子方向移动[9]，所以氧化苯乙烯转化速率越快；同时，极性溶剂中的极性官能团易参与反应，从而降低了苯乙醛选择性。此外，DMF 和乙醇溶剂分子极性大，易吸附在酸性位上形成了空间位阻，从而使反应结果存在一定的差异。

由表 2-6 数据分析可知，溶剂对氧化苯乙烯的液相重排反应结果有很大影响，反应速率和产物选择性随溶剂极性大小呈现不同的变化规律。因此，本章从溶剂极性出发，对实验结果加以讨论。

2.3.3　强极性溶剂

(1)质子型溶剂

甲醇和乙醇溶剂分子中含有醇羟基,因此它们是典型的质子型极性溶剂。醇羟基的氧原子上有两对孤对电子,易与质子结合,使醇具有一定的碱性;同时,由于氧原子电负性大于氢原子,共用电子对偏向于氧,使氢原子表现出很高的活性,所以醇也具有一定的弱酸性。

由表 2-6 可知,甲醇溶剂中的反应速率明显大于乙醇。氧化苯乙烯在甲醇溶剂中反应 2 h 即可全部转化,而在乙醇溶剂中反应 5 h 转化率也只有 70% 左右。这是因为甲醇溶剂极性较大,有利于碳正离子稳定性,故反应速率快。同时,两种溶剂分子中的醇羟基官能团易与催化剂表面的酸活性位形成氢键,发生竞争吸附,而乙醇分子直径相对较大,更易阻碍反应物分子与活性位接触,从而降低了重排反应速率。

此外,甲醇和乙醇溶剂中苯乙醛的选择性都较低,只有 50% 左右。经过 GC-MS 定性分析,反应产物中有大量半缩醛副产物,这是苯乙醛与甲醇、乙醇发生缩醛化反应生成的,如式(2-27)、式(2-28)所示:

$$C_6H_5\text{-}CH_2CHO + CH_3OH \longrightarrow C_6H_5\text{-}CH_2CH(OCH_3)\text{-}OH \tag{2-27}$$

$$C_6H_5\text{-}CH_2CHO + CH_3CH_2OH \longrightarrow C_6H_5\text{-}CH_2CH(OCH_2CH_3)\text{-}OH \tag{2-28}$$

(2)非质子型溶剂

丙酮和 DMF 是典型的强极性非质子型溶剂,极性官能团为羰基。羰基上的电子云偏向于氧,从而使其具有很强的极性和化学活性。

由表 2-6 数据可知,重排反应在极性溶剂中的反应速率很快,但在 DMF 溶剂中却不能进行。这是因为 DMF 分子中的强极性官能团极易吸附在催化剂表面酸性位上,同时该溶剂分子直径很大,对反应物分子构成空间位阻,使其无法与活性位接触,因此重排反应不能发生。

但对于沸点只有 56 ℃ 的丙酮溶剂来说,50 ℃ 的反应条件下溶剂分子非常活泼,流动性强,不易吸附在催化剂表面,反而有利于分散在溶剂

中的反应物与活性位接触,因此反应速率很快,短时间内转化率就可达
90％以上。但苯乙醛选择性不高,只有 80％左右。经 GC-MS 分析发
现,反应副产物主要是氧化苯乙烯与丙酮发生加成反应形成的[57],如式
(2-29)所示。这是由于羰基中氧原子的强吸电子性,使碳原子易受其他
亲核试剂进攻,发生亲核加成反应,一部分反应物转化为副产物,从而导
致苯乙醛选择性降低。

$$\text{(苯环)}-CH-CH_2 + CH_3CCH_3 \longrightarrow \text{(苯环)}-CH-CH_2 \qquad (2\text{-}29)$$

综上可知,强极性溶剂分子中的极性官能团对氧化苯乙烯的液相重
排反应影响很大。一方面这些官能团容易吸附在催化剂表面酸性位上,
与反应物形成竞争吸附;另一方面,它们易与反应物或产物发生作用,使
苯乙醛选择性降低。

2.3.4　弱极性和非极性溶剂

1,2-二氯乙烷、甲苯和环己烷溶剂性质稳定,不参与反应,因此,与
强极性溶剂相比,弱极性和非极性溶剂中苯乙醛选择性更高,均为 80％
以上。其中,1,2-二氯乙烷属弱极性溶剂,该溶剂中的反应速率虽低于
甲醇、丙酮等,但却高于甲苯和环己烷。

经 GC-MS 分析,弱极性和非极性溶剂中的主要副产物为少量的
2,4-二苯基-2-丁烯醛和较多的苯乙二醇。这是由于苯乙醛性质非常活
泼,很容易发生羟醛缩合反应,缩合产物不稳定,进一步脱水生成了更稳
定的 2,4-二苯基-2-丁烯醛[39];同时,缩合过程中形成的水分子吸附在催
化剂表面,与氧化苯乙烯反应生成了苯乙二醇。副反应过程如式(2-30)
和式(2-31)所示。

$$2\ \text{(苯环)}-CH_2CHO \longrightarrow \text{(苯环)}-CH_2CH=CCHO + H_2O \qquad (2\text{-}30)$$

$$\text{（苯环）}-\underset{\underset{O}{\diagdown/}}{CH}-CH_2 + H_2O \longrightarrow \text{（苯环）}-\underset{\underset{OH}{|}}{CH}-\underset{\underset{OH}{|}}{CH_2} \qquad (2\text{-}31)$$

文献报道[3],苯乙二醇在较高温度下能够脱水生成苯乙醛,因此本章考察了较高温度下的重排反应,以提高苯乙醛的选择性。以1,2-二氯乙烷、甲苯和环己烷为溶剂,在80 ℃条件下再次进行重排反应,结果如表2-7所示。

表2-7　80 ℃条件下HZ-50分子筛上氧化苯乙烯的重排反应

溶剂	反应时间/h	转化率 C_{so}/%	选择性 S_{pa}/%
1,2-二氯乙烷	1	98.2	90.5
1,2-二氯乙烷	2	99.7	91.2
1,2-二氯乙烷	3	100.0	91.6
甲苯	1	96.4	91.3
甲苯	2	98.3	90.4
甲苯	3	99.1	90.2
环己烷	1	96.5	91.6
环己烷	2	97.4	91.4
环己烷	3	99.6	90.3

注:HZ-50 2.5 g,氧化苯乙烯5 mL,溶剂50 mL。

如表2-7所示,80 ℃条件下氧化苯乙烯重排反应速率明显加快,苯乙醛选择性也显著提高,反应1 h时就可达96%以上。GC-MS分析结果显示,反应产物中已没有苯乙二醇,说明提高反应温度后,苯乙二醇发生了脱水反应转化为苯乙醛。

此外,随着反应时间的增加,1,2-二氯乙烷中苯乙醛的选择性基本不变,而甲苯和环己烷中苯乙醛选择性逐渐减小,同时缩合副产物的量增多。这可能是由于氧化苯乙烯全部转化后,催化剂表面还存在过量酸性位,而苯乙醛性质很活泼,在酸性位上易发生缩合反应。1,2-二氯乙烷有一定的弱极性,溶剂分子可吸附在过量酸性位上阻止苯乙醛与其接触;而甲苯和环己烷没有极性,不发生竞争吸附,苯乙醛与酸性位接触后发生缩合反应,导致产物选择性降低。

综上可知,弱极性溶剂更适合氧化苯乙烯的液相重排反应,反应速率和苯乙醛的选择性都较高。此外,为了减少或避免由于过量酸性位存在而产生的副产物,可通过进一步的研究实验确定出氧化苯乙烯与催化剂最合适的反应比,从而达到更好的反应效果。

2.3.5　小结

以 HZ-50 分子筛为催化剂,选取 DMF、甲醇、乙醇、丙酮、1,2-二氯乙烷、甲苯和环己烷为溶剂,比较不同性质溶剂对反应转化率和选择性的影响,并分析了液相反应中溶剂对有效抑制积碳形成所发挥的重要作用。结果表明:极性最大的 N,N-二甲基甲酰胺溶剂极易吸附在分子筛表面,导致催化剂失活,使反应不能进行;极性较弱的甲醇、乙醇和丙酮溶剂,加快了重排反应的速率,但易与苯乙醛反应生成副产物;弱极性和非极性溶剂性质稳定,能有效抑制催化剂积碳失活,并在一定的反应温度下,提高了重排反应的速率,其中,1,2-二氯乙烷最适合作为氧化苯乙烯液相重排反应的溶剂。

2.4　不同硅铝比 HZSM-5 分子筛的催化活性

氧化苯乙烯通过催化剂的催化作用,发生重排反应生成苯乙醛,该反应是在催化剂酸性位的作用下进行的。本章中所使用的 HZSM-5 分子筛催化剂是一种具有优良择形选择性的催化剂,它具有规则的孔道结构,比表面积较大,约为 320 m^2/g,孔道内外均匀分布了大量的酸活性位。据相关文献报道,多种催化剂的外表面酸性位就足以催化氧化苯乙烯的液相重排反应[36-37],HZSM-5 分子筛就是其中最具代表性的催化剂,因为它孔径约为 5.5 Å,而氧化苯乙烯分子的动力学直径为 5.9 Å,因此,该催化剂对反应的催化活性主要体现在其外表面酸性位的强弱和数量。

采用 XRD、FT-IR、NH$_3$-TPD 等分析手段对催化剂进行了表征。在上述实验选择出的最适宜溶剂 1,2-二氯乙烷中,重点考察了硅铝比为 25、38、50 和 80 的 HZSM-5 分子筛催化剂(分别记作 HZ-25、HZ-38、HZ-50、HZ-80)对氧化苯乙烯液相重排反应催化活性的影响。

2.4.1 实验方法

在配备有循环水冷凝管、搅拌器以及温度计的 100 mL 三口烧瓶中，加入 5 mL 氧化苯乙烯和 50 mL 的 1,2-二氯乙烷溶剂，将烧瓶置于恒温水浴锅中加热至 80 ℃，加入预处理过的不同硅铝比的 HZSM-5 分子筛催化剂颗粒 2.5 g，反应 1 h 后取样进行定性和定量分析。

2.4.2 结果与讨论

2.4.2.1 HZSM-5 分子筛性质随硅铝比的变化

四种硅铝比分子筛 HZ-25、HZ-38、HZ-50、HZ-80 的物理性质见表 2-8。

表 2-8 硅铝比对 HZSM-5 分子筛性质的影响

硅铝比	比表面积/(m^2/g)	平均孔径/Å	孔体积/(cm^3/g)
25	348.6	5.589	0.298
38	326.7	5.546	0.264
50	318.8	5.523	0.229
80	309.4	5.498	0.207

从表中可以看出，随着硅铝比的逐步增大，HZSM-5 分子筛的比表面积、平均孔径、孔体积都相应有所减小。如硅铝比为 25 和 80 的两种 HZSM-5 分子筛相比，比表面积、孔径和孔体积分别下降了 11.2%、1.6% 和 30.5%。

2.4.2.2 硅铝比对 HZSM-5 分子筛物相结构的影响

图 2-2 为硅铝比不同的四种 HZSM-5 分子筛的 XRD 谱图。由图可以看出，分子筛 HZSM-5 的特征衍射峰主要有两处，一处是 $2\theta=8°\sim9°$ 的低角度衍射条件下，峰强度较弱的特征峰，另一处则是 $2\theta=23°$ 的高角度衍射条件下，峰强度较强的特征峰。硅铝比不同的 HZSM-5 分子筛

的特征衍射峰位置基本不变,但随着硅铝比从 25 增加到 50 时,衍射峰强度逐渐增大。这说明随着硅铝比的增加,HZSM-5 分子筛晶体的结晶度也越高。但硅铝比为 80 的 HZSM-5 分子筛衍射峰强度却有略微减弱,这可能是由于高硅铝比的分子筛中,骨架铝原子较少,从而影响了分子筛整体的结晶度。

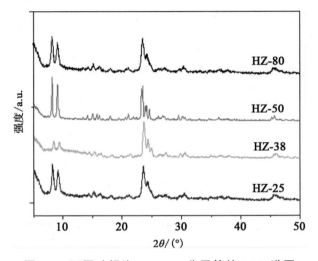

图 2-2 不同硅铝比 HZSM-5 分子筛的 XRD 谱图

2.4.2.3 硅铝比对 HZSM-5 分子筛酸性质的影响

本章中通过实验室组装的 NH_3-TPD 仪对 HZ-25、HZ-38、HZ-50、HZ-80 四种分子筛的酸性质进行测定,结果如图 2-3 所示。

由图可知,HZSM-5 型分子筛催化剂有两个特征的 NH_3 脱附峰,脱附温度位于 225～275 ℃的脱附峰对应于催化剂上的弱酸性位,而脱附温度位于 375～450 ℃的脱附峰则归属于催化剂上中等强度的酸性位,它们属于分子筛骨架上的 B 酸性位(Si—OH—Al)[58-59]。分析上图可知,随着不同分子筛中对应硅铝比的增加,弱酸位和中等强度酸性位对应的 NH_3 脱附峰的脱附温度均有所下降,即分子筛酸性减弱,但弱酸位对应的脱附温度变化程度较低,同时,两种酸中心的 NH_3 脱附峰面积都逐渐减少,这表明两种酸性位的数量也随硅铝比增加而减少了。因此,HZSM-5 分子筛的酸性和酸量均随硅铝比的增加而逐渐减弱,也就是说,分子筛表面的酸中心与其骨架中的铝原子息息相关。

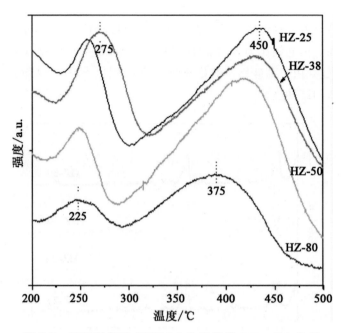

图 2-3　不同硅铝比 HZSM-5 分子筛的 NH₃-TPD 曲线

2.4.2.4　不同硅铝比的 HZSM-5 分子筛的红外光谱测定

图 2-4 为 HZ-25、HZ-38、HZ-50、HZ-80 四种催化剂在 4 000～400 cm⁻¹ 波数范围内的红外谱图。由图可以看出,四种催化剂的红外谱图十分相似,即分子筛硅铝比的变化对骨架自身的振动模式影响不大。这是因为催化剂骨架中所含铝原子的分数 Al/(Si ＋ Al) 都小于 0.05,分子筛骨架中的 O—T—O 结构单元中,主要的 T 原子是 Si,铝含量的微小变化能够显著反应在硅铝比的数值上,但对骨架中所含 Al 元素分数值的改变却微不足道,因此,硅铝比的变化不会显著影响分子筛骨架的振动模式[60]。

解析红外谱图可知,3 456 cm⁻¹ 附近的宽吸收带是分子筛骨架中Si—OH 基团的伸缩振动[61],～1 091、～789、～449 cm⁻¹ 三条吸收带则与骨架中 T—O—T(T＝Si、Al)基团的振动有关,较高波数的两个吸收峰分别代表着该基团的不对称和对称伸缩振动,而～499 cm⁻¹ 处的谱带则对应该基团的弯曲振动[57,59]。

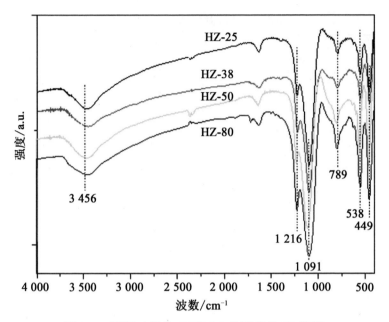

图 2-4　不同硅铝比 HZSM-5 分子筛的 IR 谱图

～1 216 cm^{-1} 处的吸收带为分子筛五元环骨架所对应的特征红外吸收峰,并且随着分子筛硅铝比的增加,该吸收峰对应的波数略有提高,即五元环对应的吸收峰波数随骨架中铝原子分数的减小而逐渐增大,这与文献报道的其他分子筛的红外谱图相似[62]。这是由于 Al—O 键的键长(1.75×10^{-4} μm)略大于 Si—O 键(1.61×10^{-4} μm),同时铝元素的电负性小于硅元素,但两者原子质量相差不大,这就导致 Al—O 键的键级小于 Si—O 键。当分子筛的硅铝比逐渐增大时,骨架中的铝原子分数逐渐减少,所以 T—O—T 基团的伸缩振动频率就会有所提高。

～538 cm^{-1} 处的较强吸收峰则是 ZSM-5 的特征吸收谱带,相关文献记载[60],将 ZSM-5 在 1 100 ℃的高温条件下焙烧 1 h 后,ZSM-5 的晶体结构被破坏,此时,530～600 cm^{-1} 区间内的吸收带也会随之消失。

2.4.2.5　不同硅铝比 HZSM-5 的催化活性

硅铝比为 25、38、50、80 的 HZSM-5 分子筛催化剂分别记作 HZ-25、HZ-38、HZ-50、HZ-80。新鲜的四种分子筛作用于氧化苯乙烯的液相重排反应 1 h 时,结果如表 2-9 所示。

表 2-9　不同 Si/Al 的 HZSM-5 分子筛对反应的影响

催化剂编号	Si/Al(HZSM-5)	转化率 C_{so}/%	选择性 S_{pa}/%
HZ-25	25	99.0	81.5
HZ-38	38	97.2	87.2
HZ-50	50	96.5	88.9
HZ-80	80	99.0	89.5

注:氧化苯乙烯 5 mL,1,2-二氯乙烷 50 mL,HZSM-5 分子筛(20~30 目)2.5 g,温度 80 ℃,反应时间 1 h。

从表 2-9 的结果可以看出,四种催化剂上氧化苯乙烯的初始转化率都很高,均为 96% 以上;随着催化剂硅铝比的增加,反应产物中苯乙醛的选择性也有所升高。通过 GC-MS 分析得知,反应结果中主要副产物为少量的二聚体(2,4-二苯基-2-丁烯醛)和较多的苯乙二醇,从上一章讨论可知,二聚体是由苯乙醛在酸性位存在下发生羟醛缩合生成的,它吸附在酸性位上降低了催化剂的反应活性,同时也减少了溶解在溶液中的量,最终导致 GC 分析中检出二聚体的含量较少;此外,缩合过程中生成的水与氧化苯乙烯发生反应,产生了较多的苯乙二醇。不同硅铝比的催化剂表面所含有的酸性位强度和数量不同,这就导致苯乙醛缩合程度不同,从而造成不同催化剂上产物选择性的差异。

2.4.2.6　催化剂重复使用结果

在上述相同的反应条件下,将四种催化剂重复使用四次,结果如图 2-5 所示。

通过图 2-5 可以明显看出,不同硅铝比的 HZSM-5 分子筛催化剂在多次使用后,反应活性都有所降低,但硅铝比不同,导致其活性降低的程度也不同。图 2-5(a)中,硅铝比最小的 HZ-25 催化剂使用两次后,催化活性迅速下降,第四次重复利用时,氧化苯乙烯的转化率只有 61.1%;HZ-38 和 HZ-50 催化剂的催化活性随着使用次数的增多也逐渐降低,但失活速率小于 HZ-25;硅铝比最大的 HZ-80 催化剂,失活较慢,重复利用 4 次后,氧化苯乙烯的转化率仍有 90.9%。但从图 2-5(b)中给出的苯乙醛选择性变化曲线来看,硅铝比最小的 HZ-25 催化剂作用时,产物选择性最低,并随使用次数的增多有略微下降;HZ-38 和 HZ-50 催化剂上苯乙醛选择性高于 HZ-25,基本保持在 84%~88%;硅铝比最大的 HZ-80 催化剂上,苯乙醛选择性最高,并且不随催化剂使用次数的增多而有所下降,基本维持在 85%~90%。

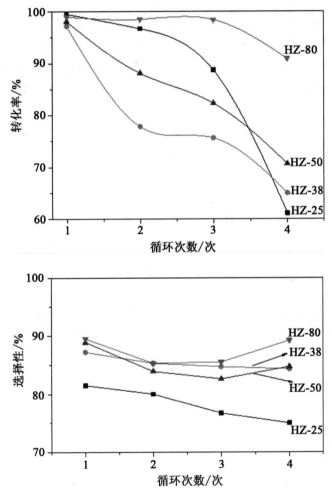

图 2-5　不同硅铝比分子筛重复利用时反应的转化率和选择性

由此可见,不同硅铝比的 HZSM-5 分子筛催化剂对氧化苯乙烯的液相重排反应表现出的催化活性是不同的。从上述分子筛表征数据可知,硅铝比对催化剂的晶体结构、酸强度、酸性位数量等基本性质有很大影响,这也就进一步影响了各个催化剂的反应活性。上述 NH₃-TPD

谱图分析得出,HZSM-5 分子筛的酸性和酸量均随硅铝比的增加而逐渐减弱,即硅铝比最小的 HZ-25 分子筛酸性最强,最开始催化反应时活性也最高,但过多的酸性位也加剧了苯乙醛缩合反应的发生,形成大量副产物,降低了产物的选择性,缩短了催化剂的寿命。硅铝比较低的 HZ-80 酸性虽然较弱,但足以催化氧化苯乙烯的液相重排反应,并且由于自身酸性较弱,不利于副反应的进行,从而提高了苯乙醛的选择性。

由于本章对 HZSM-5 分子筛硅铝比考察的范围较窄,因此不能得出催化剂硅铝比越高,越适用于氧化苯乙烯重排反应。因为随着硅铝比的继续增大,分子筛表面酸性位数量会大大减少,有可能导致催化剂酸性不足以催化反应的进行。因此,对于不同的反应来说,会有不同硅铝比的催化剂对其呈现最好的催化活性,在本章考察范围中,硅铝比为 80 的 HZSM-5 分子筛对氧化苯乙烯的液相重排反应最适合。

2.4.2.7 催化剂的再生

不同硅铝比的 HZSM-5 分子筛在重复使用多次后,催化活性都有所降低。将失活最严重的 HZ-25 催化剂在 500 ℃条件下煅烧 6 h 后,再次用于氧化苯乙烯液相重排反应时仍具有较好的活性和选择性,反应结果如表 2-10 所示。这表明在 500 ℃焙烧 6 h 的再生条件下,覆盖在催化剂表面酸性位上的副产物基本被灼烧掉,从而使催化剂的酸性中心得以恢复。再生 3 次后的 HZ-25 用于氧化苯乙烯的液相重排反应时,转化率仍接近98%。

表 2-10 再生处理后 HZ-25 分子筛上氧化苯乙烯液相重排反应结果

催化剂再生次数	转化率 $C_{so}/\%$	选择性 $S_{pa}/\%$
0	99.0	81.5
1	98.6	80.8
2	98.8	81.2
3	97.9	80.3

注:再生条件:500 ℃焙烧 6 h。

2.4.3　小结

通过采用 XRD、FT-IR、NH_3-TPD 等分析手段对 HZSM-5 分子筛进行了表征。在上述实验选择出的最适宜溶剂 1,2-二氯乙烷中,重点考察了硅铝比为 25、38、50 和 80 的 HZSM-5 分子筛催化剂(分别记作 HZ-25、HZ-38、HZ-50、HZ-80)对氧化苯乙烯的液相重排反应催化活性的影响。结果表明,酸性较强的低硅铝比催化剂(HZ-25),初始催化活性最高,但易发生聚合反应,降低了产物收率。相反,酸性较弱的高硅铝比分子筛(HZ-80),表现出很好的催化氧化苯乙烯重排反应的性能,苯乙醛收率可达 90% 以上。此外,在 500 ℃条件下对催化剂进行再生处理,其催化活性仍能得到较好恢复,再生 3 次后的 HZ-25 分子筛用于反应时,氧化苯乙烯转化率仍能达到 98% 左右。

2.5　部分因子实验设计

通过上述实验,选择出的最佳溶剂和催化剂分别为 1,2-二氯乙烷和 Si/Al 为 80 的 HZSM-5 分子筛催化剂。在此基础上,选取反应温度、反应时间、催化剂用量、溶剂用量作为重排反应的影响因素,以苯乙醛的产率为响应值,采用 2_{IV}^{4-1} 部分因子实验设计方法对反应条件进行探索,实验结果用 Minitab 软件进行分析。

2.5.1　实验设计

实验设计就是一种同时研究多个输入变量对输出结果影响的方法,它通过对选定的输入变量进行精确的、系统的人为调整来观察输出变量的变化;并且通过对结果的进一步分析,最终确定影响结果的关键因素及其最有利于实验结果的取值方法。传统的实验分析方法是多次单因素实验,即在同一时间内只允许一个输入变量发生变化,其他因素相对固定。该方法实验周期长、成本消耗大;同时实验方法粗糙,得出的结论可能与实际结果不符。实验设计则有效克服了传统分析法的缺点,它对实验方案进行优化设计,减少工作量,从而降低实验误差和成本;同时还能对实验结果进行科学分析,得出最优实验条件。因此,实验设计自产生起就被广泛应用[63]。

在日常的工作实践中,实验设计可帮助我们解决许多实际问题。如确定、验证和优化工艺生产中的主要影响因素,降低总的设计周期,提高产品设计的工艺性,减少对产品的检验和测试等。通过实验设计,能以较少的实验次数获得较优或最优的实验结果,并且置信度高。

对于氧化苯乙烯液相重排制备苯乙醛的反应来说,反应温度、反应时间、催化剂用量和溶剂用量都可能影响到产物的产率,因此,本章选择以上四种因素为影响因素,以苯乙醛产率为响应值,采用 2_{IV}^{4-1} 部分因子实验设计方法对反应条件进行探索,实验结果用 Minitab 软件进行分析,以期用最少的实验次数得到最优的实验条件。

2.5.2 氧化苯乙烯液相重排反应实验设计

2.5.2.1 实验参数的选择

王苹等人[3]在研究苯乙醛的新合成方法时,采用实验设计考察了催化剂用量、溶剂用量、反应时间对反应结果的影响,结果表明,催化剂用量对反应的转化率和选择性起决定性作用,同时,反应时间也有较大影响。在本章 2.3 中探讨溶剂效应时发现,反应温度对反应物转化率和选择性的影响也是非常大的,同时,这些因素间还可能存在相互作用。因此,本章选择反应温度、反应时间、催化剂 HZ-80 用量、溶剂(1,2-二氯乙烷)用量四个因素为实验影响因素,每个因素设有高(+1)、低(-1)两个水平,设定参数值如表 2-11 所示。同时,以苯乙醛的产率(Y_{pa})为响应值,计算式如下:

$$Y_{pa} = C_{so} \times S_{pa} \times 100\% \tag{2-32}$$

其中,Y_{pa} 为苯乙醛的产率;C_{so} 为氧化苯乙烯的转化率,由公式(2-25)计算得出;S_{pa} 为苯乙醛的选择性,由公式(2-26)计算得出。

表 2-11　氧化苯乙烯液相重排反应的实验因素水平

实验因素	低水平(−1)	高水平(+1)
A：反应温度/℃	60	80
B：反应时间/h	1	2
C：HZ-80 用量/g	2	3
D：1,2-二氯乙烷用量/mL	40	50

注：氧化苯乙烯用量 5 mL。

2.5.2.2　实验设计方法的选择

本章选择反应温度、反应时间、催化剂用量和溶剂用量四个因素为输入变量，以苯乙醛产率为响应值。同时，考虑到因素较多，各个因素间还可能会存在较强的相互作用，因此采用分辨率为 Ⅳ 级的 $2_{Ⅳ}^{4-1}$ 部分因子实验设计。根据实验设计方法，需进行 8 组实验。此外，考虑到实验的重复性，研究中共进行了 16 次实验。详细的实验方案如表 2-12 所示，第 1 列为实验编号，第 2~5 列为实验因素的水平，第 6 列是苯乙醛产率的计算结果。

表 2-12　实验方案及实验结果

组号	实验编号	A	B	C	D	Y_{pa} %
第一组	1	−1	−1	−1	−1	67.2
	2	1	−1	−1	1	85.7
	3	−1	1	−1	1	70.2
	4	1	1	−1	−1	80.7
	5	−1	−1	1	1	78.3
	6	1	−1	1	−1	96.6
	7	−1	1	1	−1	90.8
	8	1	1	1	1	84.3

续表

组号	实验编号	A	B	C	D	$Y_{pa}/\%$
	9	-1	-1	-1	-1	68.4
	10	1	-1	-1	1	86.4
	11	-1	1	-1	1	71.3
第二组	12	1	1	-1	-1	81.3
	13	-1	-1	1	1	77.6
	14	1	-1	1	-1	95.9
	15	-1	1	1	-1	91.3
	16	1	1	1	1	83.9

2.5.2.3 数据分析

本章中以苯乙醛的产率为响应值,建立起了响应值(Y_{pa})与影响因素(A、B、C、D)间的数学模型,拟合方程如式(2-33)所示:

$$Y_{pa}=b_0+b_1A+b_2B+b_3C+b_4D+b_{12}AB+b_{13}AC+b_{14}AD$$

(2-33)

其中,b_0是常数项,b_1到b_4分别为各个影响因素的系数,b_{12}到b_{14}则为两因素交互作用的系数。

同时,本章中还对实验结果进行了方差、回归、参数优化分析等,考察不同的实验因素对苯乙醛产率的影响,从而得出最优的实验条件。

2.5.3 结果与讨论

从表 2-12 中苯乙醛产率的实验结果可以看出,本章选择的影响因素对响应值 Y_{pa} 的影响较大,但哪个因素是显著影响因素,哪些因素间还存在较强的交互作用,各因素对响应值的影响程度多大,都需要通过实验设计进行更深入的分析。

2.5.3.1 Y_{pa} 的主要影响因素及方差分析

运用 Minitab 对实验结果进行分析,得出了几种不同因素对 Y_{pa} 的影响效应和方差分析结果,分别如表 2-13 和表 2-14 所示。方差可用来分析变量间相互关系及影响,是实验分析和改善阶段的重要工具。通过方差分析,可明确各因素对响应值的影响大小并确定实验误差,还可从统计学上确定哪个是真正的影响因素。

表 2-13　Y_{pa} 的主要影响因素

项	效应	系数	系数标准误差	T 值	P 值
常量		81.869	0.138 2	592.36	0.000
A	9.962	4.981	0.138 2	36.04	0.000
B	−0.288	−0.144	0.138 2	−1.04	0.329
C	10.937	5.469	0.138 2	39.57	0.000
D	−4.313	−2.156	0.138 2	−15.60	0.000
AB	−8.312	−4.156	0.138 2	−30.07	0.000
AC	−4.287	−2.144	0.138 2	−15.51	0.000
AD	0.763	0.381	0.138 2	2.76	0.025

表 2-14　Y_{pa} 值方差分析

方差来源	自由度	Seq SS	Adj SS	Adj MS	F 检验	P 值
主要影响因素	4	950.24	950.242	237.561	777.29	0.000
两因素交互作用	3	352.25	352.247	117.416	384.18	0.000
误差	8	2.44	2.445	0.306		
总和	15	1 304.93				

从表 2-13 中可以看出,影响因素 A、C、D、AB 和 AC 对应的 P 值均为零,因素 AD 的 P 值也几乎为零,因此,因素 A、C、D 以及两因素交互作用 AB、AC、AD 是影响输出响应值的最主要因素,而 B 因素的影响不十分显著。从表 2-14 中可知,主要影响因素和两因素交互作用对应的 P 值也均为零,这证实了本章开始所选取的影响因素是正确的。

此外,如图 2-6 所示,从标准化效应的正态图和柏拉图中也可以看出,B 因素距离标准化正态图中的直线较近,并且在柏拉图中,B 因素对应的柱状也未超过直线,这更加直观地表明,B 因素是不显著因素,其余的实验条件及其相互作用对 Y_{pa} 的影响均十分显著。

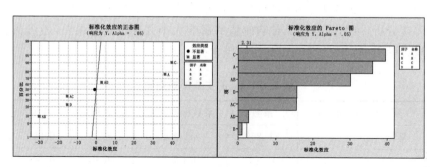

图 2-6 标准化效应的正态图和柏拉图（响应值为 Y_{pa}，$\alpha = 0.05$）

2.5.3.2 不同因素及其交互作用

通过对响应值 Y_{pa} 进行方差分析，确定出了影响苯乙醛产率的显著因素和不显著因素。实验设计还能进一步为选定的影响因素及其交互作用对目标响应值的影响进行相关的定量分析，通过这样的分析，可以确定反应条件改善的方向，并最终找到最优的参数及实验条件的组合。

图 2-7 和图 2-8 分别给出了四种输入变量及其它们之间的交互作用对响应值 Y_{pa} 的影响。从图中可以看出，反应温度（A 因素）和催化剂用量（C 因素）从低水平（-1）向高水平（$+1$）变化时，苯乙醛产率的响应值 Y_{pa} 也随之增大；溶剂用量（D 因素）从低水平（-1）向高水平（$+1$）变化时，Y_{pa} 响应值则会随之减小；反应时间（B 因素）对苯乙醛产率的影响则不明显。此外，从图中也可以验证得出，A、C、D、AB、AC、AD 是影响苯乙醛产率的显著因素。由上述定量分析可知，当各因素水平设置为 A（$+1$）、B（-1）、C（$+1$）、D（-1）时，Y_{pa} 值最大，即反应温度为 80 ℃、反应时间为 1 h、催化剂用量 3 g、溶剂用量为 40 mL 时，苯乙醛产率最高，这与表 2-12 中的实验结果相吻合。

2.5.3.3 回归方程的建立及检验

回归分析是数据处理时最有力的工具，它能给出变量与响应值之间的相互关系，还能根据因素水平对反应结果进行预测，在实验设计中，回归分析也是非常重要的手段之一。

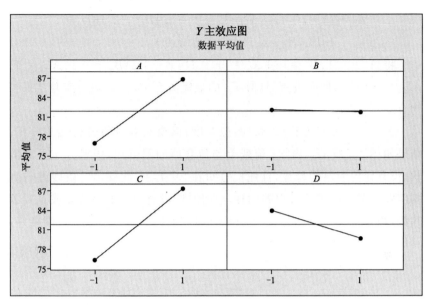

图 2-7　Y_{pa} 的主要影响因素

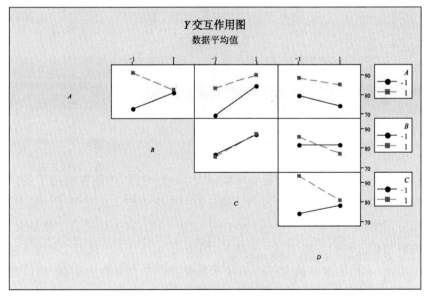

图 2-8　Y_{pa} 的交互作用影响因素

在本次实验中,采用了 Minitab 软件对实验结果进行了回归分析,建立起影响因素与响应值间的数学模型,为进一步地分析验证提供了有利依据。在本实验中得到的拟合方程如式(2-33)所示:

$$Y_{pa} = 81.87 + 4.98A - 0.14B + 5.47C - 2.16D -$$
$$4.16AB - 2.14AC + 0.38AD \tag{2-33}$$

将 $A = +1$、$B = -1$、$C = +1$、$D = -1$、$AB = -1$、$AC = 1$、$AD = -1$ 代入回归方程,计算 Y_{pa} 的最优值为 96.3,该值与实验结果相吻合。

为了验证回归方程(2-33)的拟合度,需要对响应值进行残差分析,结果如图 2-9 所示。由 Y_{pa} 值残差与拟合值的图可知,残差分布呈离散状,没有任何明显的趋势,且随机分布在"0"上下;此外,Y_{pa} 值残差与观测值顺序图上的点符合误差的独立性原则,没有明显的负残差或正残差趋势,均分布在"0"上下。以上分析均说明回归方程(2-33)拟合度良好,可用于实验未考察区域的计算。

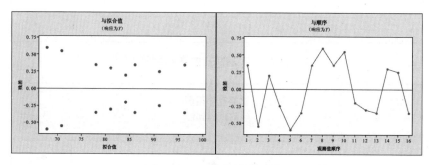

图 2-9 Y_{pa} 值的残差分析

2.5.3.4 参数优化

图 2-7 是四种输入变量对响应值 Y_{pa} 的影响图,该图也给出了各因素从低水平到高水平变化时,Y_{pa} 响应值的变化趋势。从图中可以看出,当各因素水平设置为 $A(+1)$、$B(-1)$、$C(+1)$、$D(-1)$ 时,Y_{pa} 值最大,将各值代入回归方程(2-33)可得 Y_{pa} 的值为 96.3%。但由图 2-8 也可明显看出,不同因素间的交互作用对苯乙醛的产率也有较大影响,所以想要得到影响因素的最优参数组合,必须考虑它们之间的交互作用对响应值的影响。

图 2-10(a)和(b)分别给出了保留附加因子分别取高设置和低设置时,Y_{pa} 对所有因素对的等值线图。二维平面上的线条代表 Y_{pa} 的响应线,相应标注的数值代表其响应值;坐标轴分别代表两因素,除此以外,

其他因素的取值则为保持值。如图 2-10(b)中的 $B*A$ 图,纵坐标表示 B 因素,横坐标表示 A 因素,C 因素和 D 因素的取值均为+1。

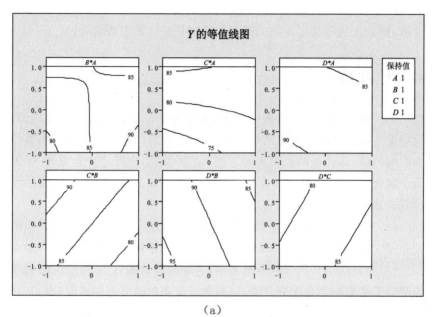

（a）

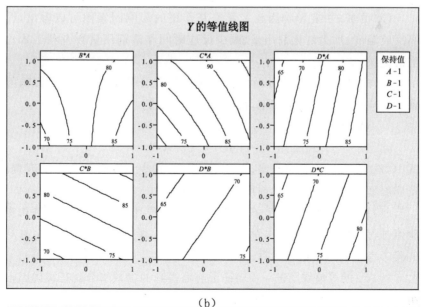

（b）

图 2-10　Y_{pa} 的等值线图

由图 2-10(a)中 $D*B$ 图以及图 2-10(b)中的 $C*A$ 图均可看出，当 B、D 因素设置为 -1，A、C 因素设置为 $+1$ 时，响应值 Y_{pa} 的取值最大，这与前面的分析是一致的，此时 Y_{pa} 的值为 96.3%。这说明，经方差分析、拟合方程等确定出的四因素取值就是最优的参数组合。

2.5.4　小结

为了能有效提高苯乙醛的产率，本章对反应条件进行了探究，选取反应温度、反应时间、催化剂（HZ-80）用量、溶剂（1,2-二氯乙烷）用量作为影响因素，苯乙醛的产率为响应值，采用 2_{IV}^{4-1} 部分因子实验设计，探索出了氧化苯乙烯液相重排反应的最优条件。Minitab 软件对实验结果的分析如下：

（1）当按照各影响因素对应的不同水平的组合进行实验时，响应值相差很大，这说明选取的实验条件对苯乙醛产率的影响较大。

（2）对反应结果的方差分析表明，选取的实验条件中，反应时间对苯乙醛的产率影响不是十分显著，但其他反应条件及其各因素间的相互作用，对实验结果的影响是非常显著的。

（3）由 Y_{pa} 主要影响因素及其交互作用的影响因素图可以看出，提高反应温度、加大催化剂用量、减少反应时间和溶剂用量会有利于苯乙醛的生成。

（4）通过 Minitab 软件对实验结果进行拟合分析，建立起了影响因素与响应值之间的数学模型，得到的拟合方程为：

$$Y_{pa}=81.87+4.98A-0.14B+5.47C-2.16D-$$
$$4.16AB-2.14AC+0.38AD$$

式中，Y_{pa} 表示苯乙醛的产率，A、B、C、D 分别表示反应中的影响因素：反应温度、反应时间、催化剂用量、溶剂用量。

（5）对 Y_{pa} 的残差进行分析，并将拟合方程计算得到的预测值和实验值进行对比，结果表明本章所得到的回归方程拟合度很高，可用来对实验未考察的区域进行计算。

（6）Y_{pa} 的等值线图进一步验证了前面得到的参数组合就是最优因素组合。当 A、B、C、D 的水平设置分别为 $+1$、-1、$+1$、-1 时，Y_{pa} 的响应值最大，即当反应温度为 80 ℃、反应时间为 1 h、HZ-80 用量为 3 g、1,2-二氯乙烷用量为 40 mL 时，苯乙醛产率最高，预测值和实验值均为 96.3%。

2.6 结 论

本章首先以 HZ-50 分子筛为催化剂,选取 DMF、甲醇、乙醇、丙酮、1,2-二氯乙烷、甲苯和环己烷为溶剂,探究了不同性质溶剂对反应转化率和选择性的影响,选出最适用于氧化苯乙烯重排反应的溶剂是 1,2-二氯乙烷,并进一步分析了溶剂对有效抑制积碳形成所发挥的重要作用。然后,采用 XRD、FT-IR、NH_3-TPD 等分析手段对催化剂进行表征,并在 1,2-二氯乙烷中研究了不同硅铝比分子筛的催化活性。最后,在选择出的最适宜溶剂和分子筛基础上,采用 2_{IV}^{4-1} 部分因子实验设计法探索最优的反应条件。主要结论如下:

(1)不同性质的溶剂对重排反应的影响很大。极性最大的 N,N-二甲基甲酰胺溶剂极易吸附在分子筛表面,导致催化剂失活,使反应不能进行;极性较弱的甲醇、乙醇和丙酮溶剂,加快了重排反应的速率,但易与苯乙醛反应生成副产物;弱极性和非极性溶剂性质稳定,能有效抑制催化剂积碳失活,并在一定的反应温度下,提高了重排反应的速率,其中,1,2-二氯乙烷最适合作为氧化苯乙烯液相重排反应的溶剂。

(2)选取 1,2-二氯乙烷为溶剂,进一步研究硅铝比为 25、38、50 和 80 的 HZSM-5 分子筛的催化活性后,结果表明:酸性较强的低硅铝比催化剂(HZ-25),初始催化活性最高,但易发生聚合反应,降低了产物收率。相反,酸性较弱的高硅铝比分子筛(HZ-80),表现出很好的催化氧化苯乙烯重排反应的性能,苯乙醛收率可达 90% 以上。

(3)在筛选出的最适宜溶剂和催化剂的基础上,选取反应温度、反应时间、催化剂用量、溶剂用量作为重排反应的影响因素,以苯乙醛的产率为响应值,采用 2_{IV}^{4-1} 部分因子实验设计方法进行探索,并将得到的实验结果用 Minitab 软件进行分析。结果表明,选取的各个影响因素及其两因素的相互作用,都是该反应的重要影响因素。通过对反应结果进行方差分析、回归分析、残差分析以及参数优化检验等,得出了反应的最优实验条件。当反应温度为 80 ℃、反应时间为 1 h、HZSM-5 用量为 3 g、1,2-二氯乙烷用量为 40 mL 时,氧化苯乙烯发生液相重排生成的苯乙醛产率最高,预测值和实验值均为 96.3%。

参考文献

[1] Sheldon R.A.,Bekkum H.C.Fine chemicals through heterogeneous catalysis[R].Wiley-VCH,2011.

[2] Salla I.,Bergada O.,Salagre P.,et al.Isomerisation of styrene oxide to phenylacetaldehyde by fluorinated mordenites using microwaves[J].Journal of Catalysis,2005,232(1):239-245.

[3] 王苹,王世铭,张建成.香料苯乙醛合成的新途径[J].化学工业与工程,2004,21(5):383-384.

[4] 校大伟,成春雷,张金,等.苯乙醛合成研究进展[J].化学试剂,2008,30(12):899-902.

[5] Paparatto G.,Gregorio G.A highly selective method for the synthesis of phenylacctaldehyde[J].Tetrahedron letters,1988,29(12):1471-1472.

[6] Smith K.,El-Hiti G.A.,Al-Shamali M.Rearrangement of epoxides to carbonyl compounds in the presence of reusable acidic zeolite catalysts under mild conditions[J].Catalysis letters,2006,109(1-2):77-82.

[7] Melvin S.,Newman B.The darzens glycidic ester condensation[J].Organic Reactions,2011:413-440.

[8] Cataldo F.A new method of synthesizing polyphenylacetylene[J].Polymer International,1995,1996,39:91-99.

[9] Reichardt C.,Welton T.Solvents and solvent effects in organic chemistry[J].Wiley-VCH,2011

[10] 章思规.精细有机化学品技术手册[M].北京:科学出版社,1991.

[11] 庞登甲,张树林,刁锡华.芳醇氧化制备芳醛的研究[J].河北轻化工学院学报,1991,12(1):55-60.

[12] Gholam A.,Albena M.Phase transfer catalyzed oxidation of alcohols with sodium hypochlorite[J].Tetrahedron letters,1998,39(40):7263-7266.

[13] Abdol R.H.,Fatemeh R.Arnold E.Oxidation of benzylic alcohols to their corresponding carbonyl compounds using KIO_4 in ionic liquid by microwave irradiation[J].Synthetic Communications,2006,36(17):2563-2568.

[14] Liang X.,Mark L.A mild and efficient oxidation of alcohols to aldehydes and ketones with periodic acid catalyzed by chromium(Ⅲ) acetylacetonate[J].Tet-

rahedron Letters,2003,44(12):2553-2555.

[15] Enayatollah M.,Shaafi E.,Ghasemzadeh Z.Barium dichromate〔$BaCr_2O_7$〕,a mild reagent for oxidation of alcohols to their corresponding carbonyls in non-aqueous polar aprotic media〔J〕.Tetrahedron Letters,2004,45(48):8823-8824.

[16] Feizi N.,Hassani H.,Hakimi M.Heterogeneous method for the oxidation of alcohols under mild conditions with zinc dichromate adsorbed on alumina.bull.korean chem〔J〕.Soc,2005,26(12):2084-2086.

[17] Patrina P.,Nikos P.,Spyros K.,et al.Catalytic selective oxidation of benzyl alcohols to aldehydes with rhenium complexes〔J〕.Journal of Molecular Catalysis A:Chemical,2005,240:27-32.

[18] Bhushan K.,Shobha B.Silica gel supported ferric nitrate:A convenient oxidizing reagent〔J〕.Synthetic Communications,2006,28(2):207-212.

[19] Matilde M.,Francesco M.,Antonio T.,et al.Phenylacetaldehyde by acetic acid bacteria oxidation of 2-phenylethanol〔J〕.Biotechnology Letters,1993,15(4):341-346.

[20] Francesco M.,Raffaella G.,Fabrizio A.,et al.Biotransformations in two-liquid-phase systems Production of phenylacetaldehyde by oxidation of 2-phenylethanol with acetic acid bacteria〔J〕.Enzyme and Microbial Technology,1999,25(8):729-735.

[21] Raffaella G.,Nicola F.,Francesco M.An easy and efficient method for the production of carboxylic acids and aldehydes by microbial oxidation of primary alcohols〔J〕.Tetrahedron Letters,2001,42(3):513-514.

[22] Raffaella V.,Andrea R.,Raffaella G.,et al.Chemoselective oxidation of primary alcohols to aldehydes with Gluconobacter oxydans〔J〕.Tetrahedron Letters,2002,43(34):6059-6061.

[23] Jin S.C.,Jin E.K.,Se Y.O.,et al.Direct conversion of saturated and unsaturated carboxylic acids into aldehydes by thexylbromoborane-dimethyl sulfide〔J〕.Tetrahedron Letters,1987,28(21):2389-2392.

[24] Jin S.C.,Keung D.L.,Oh O.K.,et al.Systematic study on bis(dialkylamino)aluminum hydride:Reexamination of the reagents for reduction of carboxylic acids to aldehydes〔J〕.Bull.Korean Chem.Soc.,1995,16(6):561-565.

[25] 上野.电解氧化法制苯乙醛〔J〕.(日本)有机合成化学协会志,1962,20(11):527.

[26] 孙治荣,胡翔周定.以 Mn(Ⅲ)/Mn(Ⅱ)为电解媒质间接电合成苯乙醛的减废工艺〔J〕.环境污染与防治,2011,23(5):246-248.

[27] Fumie S.,Kaoru O.,Hiroshi W.,et al.Reinvestigation of the grignard reactions with formic acid,a convenient method for preparation of aldehydes〔J〕.Tetra-

hedron Letters,1980,21(30):2869-2872.

[28] Bogavac M.,Arsenijevic L.,Pavlov S.,et al.A facile synthesis of aldehydes from Grignard reagent[J].Tetrahedron Letters,1984,25(17):1843-1844.

[29] George A.O.,Lena O.,Massoud A.A new and effective formylating agent for the preparation of aldehydes and dialkyl（l-Formylalkyl）phosphonates from grignard or organolithium reagents[J].J.Org.Chem.,1984,49(20):3856-3857.

[30] 王陆瑶,郭媛,高勇,等.苯乙醛的新合成方法[J].化学与化学工程,2005,35(5):562-564.

[31] Feringat B.L.Catalytic oxidation of alk-1-enes to aldehydes[J].J.Chem.Soc.,Chem.Commun.,1986:909-910.

[32] W. F. Hölderich, U. Barsnick. Rearrangement of epoxides, in fine chemicals through heterogeneous catalysis[J].R.A.Sheldon, H.van Bekkum, Weinheim: Wiley-VCH.2001:217-231.

[33] 魏文德.有机化工原料大全[M].北京:化学工业出版社,1999:412.

[34] 沈长洲,游思慧.香料物质苯乙醛及其缩醛合成的新途径[J].精细化工,1996,13:12-14.

[35] 王亚频,黄宪.二(芳砜基)甲烷作极性逆转试剂-醛的一个简单合成法[J].有机化学,1993,13(3):253-255.

[36] Chamoumi M.,Rrunel D.,Geneste P.,et al.Rearrangement of epoxides using modified zeolites[J].Studies in Surface Science and Catalysis,1991,59:573-579.

[37] Daniel B.,Mostafa C.,Bich C.Selective synthesis of carbonyl compounds using zeolites[J].Elsevier Science,1989:139-149.

[38] Brian G.,Pope,Baton B.,et al.Production of arylacetaldehydes[J].Midland,Mich,812626,1985-12-23.

[39] Kochkar H.,Clacens J.M.,Figueras F.Isomerization of styrene epoxide on basic solids[J].Catalysis Letters,2002,78(1):91-94.

[40] Carlo N.,Franco B.Process for isomerizing styrene oxide or homologues to β-phenylaldehydes[P].Italy,513800,1983-06-14.

[41] Ruiz-Hitzky E.,Casal B.Epoxide rearrangements on mineral and silica-alumina surfaces[J].Journal of Catalysis,1985,92(2):291-295.

[42] James M.,Watson.Thermolysis of styrene oxide,Big Spring[P].Tex,434675,1974-01-18.

[43] 周建峰,Nafion-H 催化剂在有机合成中的应用[J].化学试剂,1995,17(6):351-355.

[44] Surya Prakash G.K.,Thomas M.,Suchitra K.,et al.Nafion-H catalysed isomerization of epoxides to aldehydes and ketones1[J].Applied Catalysis A:General,

1999,181(2):283-288.

[45] Holderich W. F. New reactions in various fields and production of specialty chemicals[J]. Proceedings of the 10th International Congress on Catalysis, 1992:19-24.

[46] Costa V., Kelly A., Rocha S., et al. Isomerization of styrene oxide to phenylacetaldehyde over supported phosphotungstic heteropoly acid[J]. Applied Catalysis A:General, 2010, 383(1-2):217-220.

[47] Walter L., Max L., Cia., et al. The distribution of aluminum in the tetrahedra of silicates and aluminates[J]. American Mineralogist, 1954, 39(1-2):92-96.

[48] Corma A. Inorganic solid acids and their use in acid-catalyzed hydrocarbon reactions[J]. Chemical reviews, 1995, 95(3):559-614.

[49] Wolfgang H., Norbert G., Leopold H., et al. Phenylacetaldehydes and the preparation of phenylacetaldehydes[P]. Germany, 425372, 1989-10-17.

[50] Mahmoud K. Proceess for isomerizing epoxides to aldehydes[P]. Newtown, 053026, 1993-04-23

[51] 黄蕾. 溶剂效应对有机反应影响的分析[J]. 科技信息, 2010(13):158-159.

[52] 贡淑珍, 薛蕙茹. 溶剂化和溶剂效应[J]. 河南职技师范学报, 1988, 16(1):69-74.

[53] 蒙慧芹. 有机化学中的溶剂化效应——溶剂对反应历程和立体化学的影响[J]. 赤峰学院学报(自然科学版), 2011, 27(6):1-3.

[54] 朱斌. 溶剂对亲核取代反应速率的影响[J]. 四川职业技术学院学报, 2006, 16(1):105-107

[55] 柳意. 溶剂效应对基础有机化学中反应历程的影响[J]. 吉林省教育学院学报, 2008, 24(198):78-79.

[56] 王宇成. 最新色谱分析检测方法及应用技术实用手册[M]. 长春:银声音像出版社, 2004.

[57] 李谦和, 尹笃林, 朱智华. 氧化苯乙烯液相催化重排合成苯乙醛的研究[J]. 精细石油化工, 1994, 6:42-46.

[58] 王志彦, 李金来. 不同硅铝比 HZSM-5 分子筛催化剂上甲醇制丙烯反应催化性能[J]. 化学反应工程与工艺, 2008, 24(5):440-443.

[59] Ding M., Lu Y., Lingling S., et al. Remarkable improvement on the methane aromatization reaction:A highly selective and coking-resistant catalyst[J]. J. Phys. Chem., 2002, 106(34):8524-8530.

[60] 郭文泩, 辛勤, 张慧, 等. ZSM-5 型沸石的红外光谱结构分析[J]. 催化学报, 1981, 2(1):36-41.

[61] Chao Cai, H. W., Jinyu Han. 66-Synthesis and characterization of ionic liquid-functionalized alumino-silicate MCM-41 hybrid mesoporous materials[J]. Applied

Surface Science,2011,257:9802-9808.

[62] 罗晓鸣,王晓春,许叔平,等,不同硅铝比 ZSM-5 分子筛性能的比较[J].石油学报:石油加工,1986,2(4):49-56.

[63] 张弛.六西格玛试验设计[M].广州:广东经济出版社,2003:1-223.

第3章　氧化苯乙烯气相重排制备苯乙醛

3.1　引　言

苯乙醛及其衍生物可以由氧化苯乙烯或氧化苯乙烯衍生物的重排反应来制备,然而醛类产物很容易发生羟醛缩合或聚合等副反应,生成大量的聚合物,沉积在催化剂表面并逐渐形成积碳,导致催化剂失活较快,难以工业应用[1,2]。一些非均相催化剂,如碱土金属磺酸盐[3]、混合金属氧化物[4]、硅铝凝胶[5,6]、天然硅酸盐[7]、Nafion-H[8]、沸石[9-11]和杂多酸[12]等,都可以用来催化氧化苯乙烯重排制备苯乙醛。从中可以看出,从弱碱性到强酸性的活性位都可以催化此反应的进行,只是醛类产物很容易在碱性位[3,4]和强酸位[12-14]上发生羟醛缩合或聚合等副反应,导致催化剂失活较快。因此,有必要找到一种适宜酸性的催化剂,既具有较高的活性,又能抑制副反应的发生,具有较高的选择性和稳定性。

丝光沸石、毛沸石、菱沸石、HZSM-5 沸石都能够催化氧化苯乙烯发生重排,其中 HZSM-5 沸石的催化性能最好,在 200 ℃和 WHSV＝3 h^{-1}下,苯乙醛的产率可达 90%,只是催化剂在连续反应 6 h 后就出现了明显失活[2]。通常,沸石的酸性与骨架铝原子的数量和形态有关[15,16]。因此,本章以不同硅铝比的 HZSM-5 沸石($SiO_2/Al_2O_3＝25～360$)和 NaZSM-5($SiO_2/Al_2O_3＝25$)为催化剂,考察了沸石的酸性对氧化苯乙烯重排制备苯乙醛的影响,以找到一种适宜酸性的催化剂。

3.2 实验部分

3.2.1 原料与试剂

催化剂制备及其活性评价过程中用到的主要原料和试剂如表 3-1 所示。

表 3-1 试剂及原材料

试剂名称	纯度或规格	生产厂家或经销商
氧化苯乙烯	$\geqslant 98.0\%$	TCI(上海)化成工业发展有限公司
ZSM-5	$SiO_2/Al_2O_3 = 25\sim360$	南开大学催化剂厂
吡啶	$\geqslant 99.5\%$	天津市光复科技发展有限公司
2,4,6-三甲基吡啶	$\geqslant 98.0\%$	TCI(上海)化成工业发展有限公司
1,2-二氯乙烷	$\geqslant 99.0\%$	天津市光复科技发展有限公司
普通氮气	$\geqslant 99.99\%$	天津市六方气体有限公司
高纯氮气	$\geqslant 99.999\%$	天津市六方气体有限公司
普通空气	$\geqslant 99.99\%$	天津市六方气体有限公司
普通氢气	$\geqslant 99.99\%$	天津市六方气体有限公司
普通氨气	$\geqslant 99.99\%$	天津市六方气体有限公司

3.2.2 催化剂的制备

本章以不同硅铝比的 HZSM-5($SiO_2/Al_2O_3 = 25$、38、50、135、150、360)和 NaZSM-5($SiO_2/Al_2O_3 = 25$)为催化剂,考察了催化剂的酸性对氧化苯乙烯重排制备苯乙醛反应的影响。所有的催化剂都购买于南开大学催化剂厂,并把 HZSM-5 标记为 HZ-x,把 NaZSM-5 标记为 NaZ-x,x 为 SiO_2/Al_2O_3。

3.2.3　催化剂的表征

3.2.3.1　N₂ 吸附-脱附

N_2 吸附-脱附是在 Quantachrome Autosorb-1 型吸附仪上测定的。首先将催化剂样品进行抽真空(10^{-2} Pa)处理,并在 300 ℃下处理 6 h;然后在 77 K 的液氮中进行 N_2 的吸附-脱附测定。催化剂的总比表面积是通过多点 BET 方法计算得来的,总孔体积是通过脱附支的 BJH 方法计算得来的,微孔比表面积、外比表面积和微孔体积是根据 t 方法得来的,微孔与介孔的孔径分布分别是由 H-K 和 BJH 方法得来的。

3.2.3.2　X 射线荧光(XRF)

XRF 是在 Bruker S4 Pioneer X 射线荧光光谱仪上测定的,用来对催化剂的组成进行分析。X 射线发射源为陶瓷铑靶光管,管电压为 40 kV,双检测器。

3.2.3.3　X 射线多晶粉末衍射(XRD)

不同硅铝比 ZSM-5 催化剂的物相结构是在 PANalytical X'Pert Pro 型 X 射线衍射仪上测定的,靶材料为 Co Kα 发射源($\lambda = 0.178\,9$ nm),扫描范围 $2\theta = 5°\sim50°$,扫描步长 0.02°,扫描速度 5 °/min,采用连续扫描的方式,管电压和管电流分别为 40 kV 和 30 mA。

失活催化剂表面积碳的物相结构也是在 PANalytical X'Pert Pro 型 X 射线衍射仪上测定的,靶材料为 Co Kα 发射源($\lambda = 0.178\,9$ nm),滤波器 Fe,扫描范围 $2\theta = 5°\sim50°$,扫描步长 0.02°/s,管电压和管电流分别为 40 kV、30 mA。

催化剂样品的相对结晶度是根据 $2\theta = 26°\sim29°$ 的峰面积来计算的,计算公式如式 3-1 所示。

$$Y_x = \frac{A_x}{A_r} \times 100\% \tag{3-1}$$

式中,Y_x 为相对结晶度,A_x 为待测样品的 XRD 谱图中 $2\theta = 26°\sim29°$ 的

峰面积,A_r 为参比样品的 XRD 谱图中 $2\theta=26\sim29°$ 的峰面积。

3.2.3.4 NH₃ 程序升温脱附(NH₃-TPD)

催化剂的酸强度和酸量是在本实验室自行组装的 NH₃ 程序升温脱附仪(流程如图 3-1 所示)上测定的,测定步骤如下:

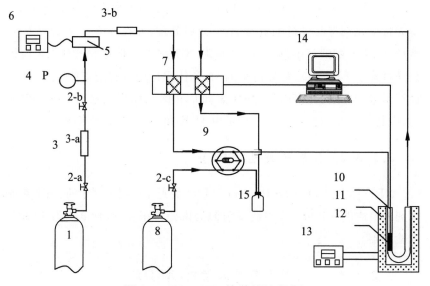

图 3-1 NH₃-TPD 的装置流程图

1. 氮气钢瓶;2. 稳流阀;3. 过滤器;4. 压力表;5. 质量流量计;6. 质量流量计控制仪;7. 热导检测器;8. 氨气钢瓶;9. 六通阀;10. U 型石英管;11. 加热炉;12. 催化剂样品;13. 温度控制仪;14. 数据采集系统;15. NH₃ 吸收瓶

(1)称取 0.1 g 20～30 目的催化剂样品颗粒,装填进 U 型石英管中,并检查整个装置的密封性。

(2)通入 N₂(50 mL/min),并加热到 500 ℃进行预处理 2 h。

(3)预处理完毕后,降至室温,经六通阀间歇地通入 NH₃,直至样品吸附饱和。

(4)将样品加热到 150 ℃,并保持 1 h,以脱除物理吸附的 NH₃。

(5)以 15 ℃/min 的速率升温到 500 ℃,用热导检测器检测脱附的 NH₃,在线采集数据并记录。

（6）用硼酸溶液吸收在 150～500 ℃ 内脱附的 NH_3，并用标准 H_2SO_4（0.005 mol/L）对其进行滴定，以确定化学脱附的 NH_3 量。假定每个 NH_3 分子代表一个酸性位，根据各个脱附峰的面积，以此来计算不同强度酸性位的浓度。

3.2.3.5　吡啶及 2,4,6-三甲基吡啶吸附的红外光谱

本章以吡啶和 2,4,6-三甲基吡啶为探针分子，结合傅里叶红外光谱，分别考察了催化剂的总酸位和外表面上的酸性位。吡啶及 2,4,6-三甲基吡啶吸附的红外光谱是在 Nicolet 380 红外光谱仪上测定的，检测器为 DTGS，扫描次数 32 次，分辨率 4 cm^{-1}，扫描范围 1 700～1 400 cm^{-1}。具体操步骤如下：

（1）称取 15 mg 催化剂样品粉末，用压片机（2 MPa）压成直径为 13 mm 左右的圆形薄片。

（2）将催化剂薄片放入原位池中，旋紧螺母，以防漏气。

（3）对催化剂进行抽真空处理（10^{-3} Pa），并以 10 ℃/min 的速率升温至 500 ℃，保持 2 h。

（4）待温度降至室温，稳定 0.5 h 后，采集样品背景的红外光谱图。

（5）在室温下进行吡啶或 2,4,6-三甲基吡啶吸附，待吸附饱和后，升温至 200 ℃ 并保持 1 h，以除去物理吸附的探针分子。

（6）最后，在室温下测定吸附探针分子后样品的红外光谱图，扣除背景后，即可得吡啶或 2,4,6-三甲基吡啶吸附的红外光谱图。

3.2.3.6　傅里叶红外光谱（FT-IR）

本章采用傅里叶红外光谱（FT-IR）对失活催化剂表面的积碳种类进行了研究。采用 KBr 压片法，首先把一定量的催化剂样品和 KBr（W/W＝1∶200）混合均匀，并研磨成粉末；然后取一定量上述混合物，压成直径为 1 cm 的薄片（0.02 g/cm^2），放入 Nicolet 380 红外光谱仪的样品池中，扫面并记录样品的红外光谱图。设定扫描次数为 32，分辨率 4 cm^{-1}，扫描范围 4 000～400 cm^{-1}。

3.2.3.7　热重分析（TG）

失活催化剂表面的积碳量是在 Perkin-Elmer Pyris 6 热分析仪上测

定的,测定条件为:称取一定量的样品(5～10 g),放入样品池中,通入空气(100 mL/min),以 10 ℃/min 的速率从室温升高到 800 ℃,考察样品质量随温度的变化趋势。

3.2.4 催化剂的活性评价

本章以氧化苯乙烯重排制备苯乙醛为目标反应,在气相条件下,以 N_2 为载气,不加入任何溶剂,对各个催化剂的催化性能进行评价。下面分别对评价装置和反应产物的定性、定量方法进行介绍。

3.2.4.1 评价装置

本实验中,催化剂的活性评价装置为鹏翔科技有限公司生产的固定床反应器,其流程如图 3-2 所示。反应器为管式反应器,采用内径为 9 mm 的不锈钢管加工而成。在低于 600 ℃时,加热炉的恒温区能够保持误差小于 ± 1 ℃,并采用 K 型热电偶控制和测定催化剂床层的温度。

固定床反应器使用的载气为普通氮气,由钢瓶提供,经气路 1 进入系统,并由质量流量计 6 控制流量,而气路 2 始终处于关闭状态;氧化苯乙烯(＞98.0％)经微量进样泵 10 进入混合器 11,在载气的推动下,经预热器 13 预热后进入反应器 15,与催化剂接触并发生反应;反应后的物料经冷凝器 19 冷却后,收集在样品瓶 20 中。每隔一段时间更换样品瓶,然后对其进行定性和定量分析。

所有的催化剂都要制成 20～30 目大小的颗粒,并装填在管式反应器的恒温区。开始反应前,把反应器升温到 500 ℃,并通入 N_2,在线预处理 2 h;然后降至反应温度,在载气的推动下,开始进料反应;反应结束后,停止进料,在原反应温度和载气流量下空运行 2 h,尽可能地除去催化剂表面吸附的物料;最后卸载催化剂,并对反应器进行清洗。

3.2.4.2 定性分析

本实验采用气相色谱-质谱(GC-MS)对反应流出物中的各个组分进行定性,色谱仪为 Agilent 6890N,质谱仪为 HP73N,分析条件如表 3-2 所示。

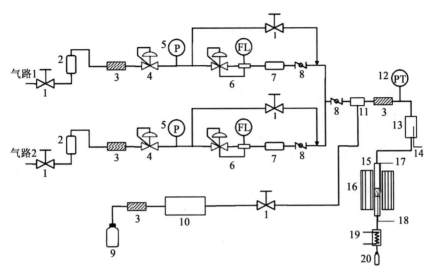

图 3-2　催化剂活性评价装置流程图

1. 截止阀;2. 脱除罐;3. 过滤器;4. 稳压阀;5. 稳压表;6. 质量流量计;
7. 缓冲罐;8. 单向阀;9. 原料瓶;10. 微量进样泵;11. 混合器;12. 压力
传感器;13. 预热器;14. 预热控温热电偶;15. 管式反应器;16. 加热炉;
17. 加热控温热电偶;18. 床层测温热电偶;19. 冷凝器;20. 产品瓶

表 3-2　GC-MS 分析条件

项目	分析条件
色谱柱	毛细管柱 HP-5 ms(30 m,0.25 mm,0.25 μm)
柱前压	14.5 psi
分流模式	分流,分流比 200∶1
载气	高纯氦气
恒压或恒流模式	恒压
汽化室温度	250 ℃
柱温	初始温度 90 ℃,保持 6 min,然后以 30 ℃/min 升温至 280 ℃,保持 11 min
离子源	电子轰击型离子源(EI)

经分析,由 TCI(上海)化成工业发展有限公司购买的氧化苯乙烯中含有的主要杂质有苯乙烯、苯甲醛、苯乙醛等;氧化苯乙烯在催化剂上发生重排,反应流出物中主要有苯乙醛、苯乙醛的二聚体(2,4-二苯基-2-丁烯醛)、苯乙醛的三聚体(2,4,6-三苄基-s-三氧杂环己烷)、氧化苯乙烯、苯乙烯、苯甲醛、苯乙二醇等。其中苯乙醛的三聚体在 200 ℃就发生分解,很难被 GC-MS 检测到,本章是用傅里叶红外光谱对其进行定性的。

3.2.4.3 定量分析

本实验采用气相色谱(GC,Agilent 6820)对反应流出物的各个组分进行定量分析,分析条件如表 3-3 所示。由于苯乙醛的三聚体在高温下(200 ℃)容易发生分解,所以不能被 GC 检测到,而三聚体在室温下为固体,且在反应产物中的溶解度较低,本章首先对反应产物样品进行过滤、洗涤、干燥,然后对固体进行准确称量,以此来确定三聚体的生成量。氧化苯乙烯的转化率(X)和反应产物 i 的选择性(S_i)分别按式(3-2)、式(3-3)计算。

表 3-3 GC 分析条件

项目	分析条件
色谱柱	毛细管柱 VF-5ms(30 m,0.25 mm,0.25 μm)
进样量	0.2 μL
柱前压	0.1 MPa
分流模式	分流(分流比约为 275∶1)
汽化室温度	250 ℃
柱箱温度(程序升温)	初始温度 90 ℃,保持 6 min,然后以 30 ℃/min 升温至 280 ℃,保持 11 min
FID 检测器温度	280 ℃
载气	高纯氮气

$$X = \frac{原料中氧化苯乙烯的量-反应产物中氧化苯乙烯的量}{原料中氧化苯乙烯的量} \times 100\%$$

(3-2)

$$S_i = \frac{\text{原料反应产物 i 所消耗的氧化苯乙烯的量}}{\text{原料中氧化苯乙烯的量} - \text{反应产物中氧化苯乙烯的量}} \times 100\%$$

$$(3\text{-}3)$$

催化剂表面的积碳无法用色谱来定量,但由于积碳量相对于反应流出物的量较少,可以忽略不计,因此认为反应进料与流出物的质量守恒。采用与气相色谱仪相配套的软件 Agilent Cerity QA-QC,对 FID 检测器信号进行收集并处理后,可以得到反应流出物中各个组分的峰面积和峰高。本章采用峰面积归一化法对各个组分进行定量,i 组分的质量分数 W_i 的计算公式如式(3-4)所示。

$$W_i = \frac{f_i A_i}{\sum_i f_i A_i} \times 100\% \qquad (3\text{-}4)$$

其中,f_i 为组分 i 的相对质量校正因子;A_i 为组分 i 的色谱峰面积。

由于本实验中所涉及的试剂很难得到标准样品,无法直接测定相对质量校正因子,因此本章采用有效碳数法(Effective Carbon Number,ECN)来估算各个组分的相对质量校正因子,其计算公式如式(3-5)所示。

$$f_i = \frac{ECN_s}{ECN_i} \times \frac{M_i}{M_s} \qquad (3\text{-}5)$$

其中,f_i 为组分 i 的相对质量校正因子;ECN_s 为基准物 s 的有效碳数;ECN_i 为组分 i 的有效碳数;M_s 为基准物 s 的摩尔质量,g/mol;M_i 为组分 i 的摩尔质量,g/mol。

以正庚烷为基准物,根据有效碳数法计算的各个组分的相对质量校正因子如表 3-4 所示。

表 3-4　各组分的相对摩尔校正因子

物质	有效碳数(ECN)	摩尔质量/(g/mol)	相对质量校正因子(f)
正庚烷	7	100.2	1
氧化苯乙烯	7	120.15	1.2
苯乙醛	7	120.15	1.2
二聚体	14.9	222.28	1.04
苯甲醛	6	106.12	1.24
苯乙烯	7.9	104.14	0.92
苯乙二醇	6.65	138.16	1.45

3.3 结果与讨论

3.3.1 催化剂的组成和物理性质

催化剂的组成及相关物理性质见表 3-5。经 XRF 测定,沸石的 SiO_2/Al_2O_3 比与厂商标记的数值相近,说明在沸石制备过程中,合成液中的有效成分都进入了沸石骨架。所有催化剂样品的 N_2 吸附-脱附等温线都类似,以 HZ-25 为例,其 N_2 吸附-脱附等温线如图 3-3 所示,根据 IUPAC 分类,该图为典型的 I 型吸附等温曲线。在较低的相对压力下 ($p/p_0 = 0.05 \sim 0.35$),N_2 的吸附量就迅速上升,这是因为发生了微孔吸附,微孔的吸附势很大,而催化剂样品又含有大量的微孔,所以 N_2 的吸附量在低压下就迅速增加;在较高的相对压力下($p/p_0 > 0.40$),出现了一个较小的"滞后环",脱附等温线在吸附等温线的上方,产生吸附滞后,这是因为在介孔孔道内发生了毛细管凝聚现象,这部分的 N_2 吸附量随相对压力的变化较为平坦,说明催化剂样品表面只含有少量的介孔;而在 p/p_0 接近 1.00 时,吸附等温线出现了一个陡峭的"拖尾",这是发生在沸石晶体之间的大孔内的吸附。综上可知,所有的催化剂样品都为微孔材料,含有大量的微孔孔道,而介孔和大孔孔道较少。

表 3-5 催化剂的组成及物理性质

样品	SiO_2/Al_2O_3 /(mol/mol)	BET 比表面积 /(m²/g)	孔体积 /(cm³/g)	孔径 /Å	相对结晶度 /%
NaZ-25	26.8	291.5	0.145	4.6	84
HZ-25	26.8	291.6	0.145	4.6	80
HZ-38	39.1	290.5	0.145	4.6	82
HZ-50	49.7	291.2	0.145	4.6	100
HZ-135	134.6	290.4	0.144	4.6	97
HZ-150	151.2	290.5	0.144	4.6	99
HZ-360	362.0	289.1	0.142	4.6	98

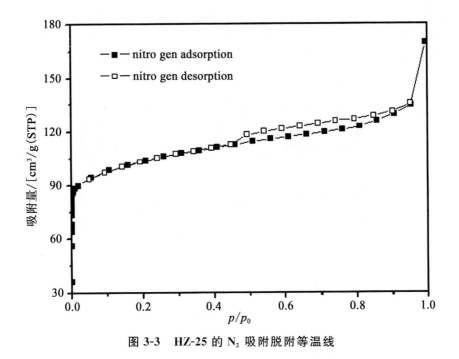

图 3-3　HZ-25 的 N₂ 吸附脱附等温线

　　根据 BET、BJH 和 H-K 方法可以得到催化剂的比表面积、孔体积和孔径,结果如表 3-5 所示。从中可以看出,所有催化剂样品的比表面积、孔体积和孔径都相似,说明催化剂的孔道结构不会造成催化性能的差异。

3.3.2　催化剂的物相结构

　　为了对催化剂的物相结构进行分析,本章利用 X-射线多晶粉末衍射(XRD)对不同硅铝比 ZSM-5 沸石进行了表征,表征结果如图 3-4 所示。

　　从图 3-4 可以看出,所有样品的主要衍射峰均出现在 $2\theta = 9 \sim 30°$,与标准谱图(JCPDS-PDF:00-049-0657)对比,这些衍射峰都属于 MFI 骨架结构的特征峰,且没有发现其他相的特征衍射峰。HZ-50 的衍射峰强度最大,本章以 HZ-50 为参比,根据 $2\theta = 26 \sim 29°$特征衍射峰的面积,计算了各个催化剂样品的相对结晶度,如表 3-5 所示。较低硅铝比沸石

（如 NaZ-25、HZ-25、HZ-38）的相对结晶度明显较低，这可能是因为低硅铝比沸石上的铝含量较高，在合成及一系列后处理（如离子交换、煅烧等）过程中，更容易产生一些无定形的非骨架铝原子，造成沸石晶体的长程有序性下降[17,18]。

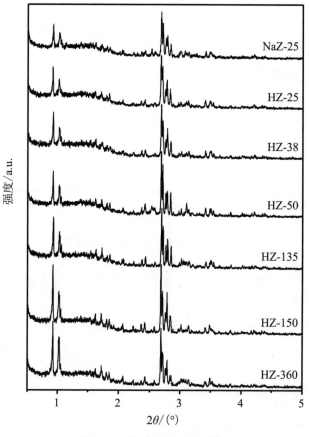

图 3-4　催化剂的 XRD 图

3.3.3　催化剂的酸性

　　酸性位是催化氧化苯乙烯重排制备苯乙醛的活性中心，同时也能诱导一些副反应的发生，酸性位的强度、浓度、类型（B 酸、L 酸）及位置都能够影响催化剂的性能，本章用 NH_3-TPD 和吡啶及 2,4,6-三甲基吡啶吸附的红外光谱对催化剂的酸性进行了测定。

3.3.3.1　NH₃-TPD

　　首先,本章利用 NH_3-TPD 对催化剂的酸强度和酸量进行了表征。NH_3 的脱附温度代表酸性位的强度,温度越高,酸性越强;脱附峰的面积代表酸量,面积越大,酸量越多。假设一个 NH_3 分子只吸附在一个酸性位上,根据各个脱附峰的面积和 NH_3 在热导检测器上的响应因子,可以计算出不同强度酸性位的浓度。

　　不同硅铝比 HZSM-5 沸石的 NH_3-TPD 曲线如图 3-5 所示,不同强度酸性位的浓度如表 3-6 所示。从图 3-5 中可以看出,所有的 NH_3-TPD 曲线都有 3 个 NH_3 脱附峰,分别在<200 ℃、239~269 ℃ 和 342~438 ℃。低于 200 ℃ 的脱附峰属于物理吸附的 NH_3,而 239~269 ℃、342~438 ℃ 的脱附峰分别对应着沸石的弱酸位和强酸位[19,20],强酸位主要是沸石骨架上的桥连羟基(Si—OH—Al)。随着沸石硅铝比的增加,强酸位的 NH_3 脱附峰逐渐向低温移动,且脱附峰面积逐渐减小,说明强酸位的

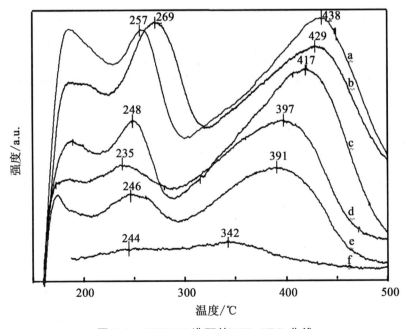

图 3-5　HZSM-5 沸石的 NH₃-TPD 曲线

(a)HZ-25;(b)HZ-38;(c)HZ-50;(d)HZ-135;(e)HZ-150;(f)HZ-360

强度和浓度(表 3-6)都随着硅铝比的增加而逐渐降低。HZ-25、HZ-38、HZ-50 上强酸位强度的下降幅度较小(438～417 ℃),但是它们强酸位的浓度逐渐下降,分别为 0.606、0.416、0.336 mmol/g;HZ-135、HZ-150、HZ-360 上强酸位强度的下降幅度较大(397～342 ℃),此外它们强酸位的浓度也分别下降到了 0.256、0.207、0.048 mmol/g。

表 3-6　不同硅铝比 ZSM-5 沸石的酸性

Sample	弱酸位 /(mmol/g)	强酸位 /(mmol/g)	B 酸/L 酸 /(mol/mol)	外表面酸性位 /(IA,cm^{-1})
NaZ-25	0.072	—	—	—
HZ-25	0.16	0.606	6.2	0.224
HZ-38	0.234	0.416	5.5	0.186
HZ-50	0.143	0.336	25.3	0.117
HZ-135	0.114	0.256	13.1	trace
HZ-150	0.095	0.207	12.2	tracc
HZ-360	0.021	0.048	7.3	trace

弱酸位的 NH_3 脱附峰位置基本不随沸石硅铝比的增加而移动,但是脱附峰的面积逐渐减小,说明弱酸位的浓度(表 3-6)也随着沸石硅铝比的增加而呈现出降低的趋势,只是 HZ-38 比较特殊,HZ-38 上弱酸位的浓度最大,为 0.234 mmol/g。NaZ-25 在 248 ℃处只有一个 NH_3 脱附峰(文中未给出),归属为弱酸位,浓度为 0.072 mmol/g。

3.3.3.2　吡啶及 2,4,6-三甲基吡啶吸附的红外光谱

为了得到催化剂的酸类型和酸位置,本章在催化剂表面进行了碱性探针分子的吸附,并测定了吸附后催化剂样品的傅里叶红外光谱。吡啶分子能够进入 MFI 沸石结构的微孔孔道,吸附在 B 酸位(PyH^+)和 L 酸位(PyL)上,分别呈现出不同的红外吸收峰,因此可以用来分辨 HZSM-5 沸石的酸类型;而 2,4,6-三甲基吡啶的分子直径(7.4 Å)较大,无法进入 MFI 沸石结构的微孔孔道,只能吸附在外表面的酸性位上,可以用来测定催化剂外表面上的酸性位[21-23]。

不同硅铝比 HZSM-5 沸石的吡啶吸附红外光谱如图 3-6 所示，1 545、1 445 cm^{-1} 分别为吡啶分子吸附在 B 酸位（PyH$^+$）和 L 酸位（PyL）产生的红外特征吸收峰[22]。1 545 cm^{-1} 处的红外吸收峰强度随着沸石硅铝比的增加而逐渐减弱，说明 B 酸位的浓度随着硅铝比的增加逐渐降低，这与 NH$_3$-TPD 的表征结果一致。只有 HZ-25 和 HZ-38 在 1 445 cm^{-1} 处有明显的红外吸收峰，说明 HZ-25 和 HZ-38 含有较多的 L 酸位，而沸石的 L 酸位主要来自非骨架铝原子[24,25]，由此可以证实，HZ-25 和 HZ-38 表面含有较多的无定形的非骨架铝原子，所以才导致他们的相对结晶度较低（表 3-5），这与 XRD 的表征结果一致。

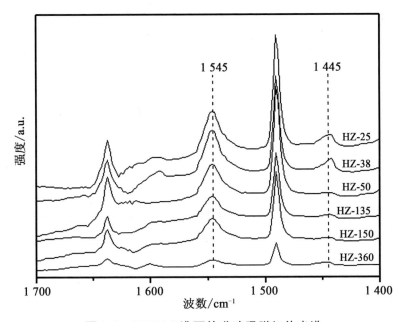

图 3-6　HZSM-5 沸石的吡啶吸附红外光谱

根据文献[26]中的消光系数和吡啶吸附在 B 酸、L 酸上产生的红外特征吸收峰面积，可以计算不同硅铝比 HZSM-5 催化剂上 B 酸与 L 酸的浓度比（Brønsted/Lewis），如表 3-6 所示。所有催化剂的 Brønsted/Lewis 比值都远大于 1，说明 B 酸位浓度都大于 L 酸位浓度，尤其是那些相对结晶度较高的沸石，如 HZ-50、HZ-135、HZ-150、HZ-360，沸石上的酸性位以 B 酸位为主，L 酸位基本可以忽略不计。

尽管大部分的酸性位都位于沸石的微孔孔道内，也会有少量的酸性位存在于沸石的外表面上,这些外表面酸性位没有空间和扩散限制,可以与反应物快速接触,往往催化生成一些大分子的化合物,它们沉积在催化剂表面并逐渐转化为积碳,导致催化剂的选择性和稳定性下降[27]。本章利用 2,4,6-三甲基吡啶吸附的红外光谱对不同硅铝比 HZSM-5 沸石外表面上的酸性位进行了测定,结果如图 3-7 所示。

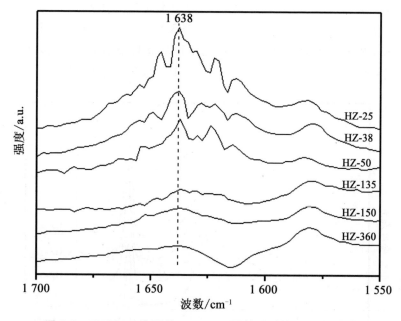

图 3-7   HZSM-5 沸石的 2,4,6-三甲基吡啶吸附红外光谱

由于位阻效应,像 2,4,6-三甲基吡啶、2,4-二甲基喹啉、2,6-二甲基喹啉等大分子的碱性试剂,与 L 酸位的吸附作用较弱,通常不能呈现出 L 酸位的红外特征吸收峰[21]。但是由上述吡啶吸附的红外光谱(图 3-6)可知,不同硅铝比 HZSM-5 沸石催化剂上都是以 B 酸位为主,L 酸位可以忽略不计,因此催化剂外表面上的 B 酸位即可代表外表面上的总酸位。如图 3-7 所示,1 638 cm^{-1} 为 2,4,6-三甲基吡啶吸附在外表面 B 酸位上产生的红外特征吸收峰[28]。HZ-25、HZ-38、HZ-50 在 1 638 cm^{-1} 处都有明显的红外吸收峰,且峰面积逐渐减小;而 HZ-135、HZ-150、HZ-360 在 1 638 cm^{-1} 处的红外吸收峰强度较弱,几乎观察不到。为了对催化剂外表面的酸性位进行定量,本章计算了 1 638 cm^{-1} 处红外吸收峰的面积(见表 3-6),依此来估算外表面酸性位的量。由表 3-6 可知,

HZ-25、HZ-38 和 HZ-50 都含有明显的外表面酸性位,且外表面酸性位的量随着沸石硅铝比的增加而逐渐降低;而 HZ-135、HZ-150、HZ-360 只含有痕量的外表面酸性位,基本可以忽略不计。

3.3.4 不同硅铝比 ZSM-5 沸石的活性评价

酸性位是催化氧化苯乙烯重排制备苯乙醛的活性中心[29],本节考察了不同硅铝比 ZSM-5 催化剂的酸性对重排反应的影响,并对反应条件(如反应温度、重时空速、载气流量等)和失活催化剂表面的积碳进行了分析。

3.3.4.1 酸性对重排反应的影响

不同硅铝比 ZSM-5 催化剂在氧化苯乙烯重排制备苯乙醛反应中的催化活性如图 3-8 所示。所有 HZSM-5 沸石催化反应的初转化率(TOS=1.0 h)都大于 99%,氧化苯乙烯几乎完全转化;而在 NaZ-25 上,氧化苯乙烯的初转化率(TOS=1.0 h)只有 96%,且在 3 h 内快速下降到了 89%。由 NH_3-TPD 可知,HZSM-5 沸石上均含有强酸位(即桥连羟基 Si—OH—Al),而 NaZ-25 上只含有弱酸位。由此可知,氧化苯乙烯的重排反应主要是在 HZSM-5 沸石的强酸位上进行的,且不同强度(342~438 ℃)和浓度(0.048~1.076 mmol/g)的酸性位均能完全催化此反应的进行。

从图 3-8 中可以看出,连续反应一段时间后,所有催化剂的活性都出现了下降,只是不同硅铝比 HZSM-5 沸石的稳定性有所不同。为了量化催化剂的稳定性,本章把催化剂的寿命定义为:氧化苯乙烯的初转化率下降 2%时(如图 3-8 中的虚线所示)连续反应的时间。随着沸石硅铝比的增加,HZSM-5 沸石的寿命先减小后增大,例如,较低硅铝比 HZSM-5 沸石的寿命随着硅铝比的增加而逐渐减小:HZ-25(12.5 h)>HZ-38(11.0 h)>HZ-50(5.8 h),而较高硅铝比 HZSM-5 沸石的寿命随着硅铝比的增加而逐渐增大:HZ-135(7.2 h)<HZ-150(9.1 h)<HZ-360(15.7 h)。文献[12-14]报道,强酸位更容易诱发苯乙醛的羟醛缩合或聚合等副反应,生成一些聚合物,沉积在催化剂表面并逐渐形成积碳,导致催化剂快速失活,由此可以推测,含有最强酸性位的 HZSM-5 沸石应该失活最快。经 NH_3-TPD 测定,不同硅铝比 HZSM-5 沸石上强

酸位的强度随着硅铝比的增加而逐渐降低,而它们的寿命却随着硅铝比的增加先减少后增大,这与文献中所推测的结论不一致。

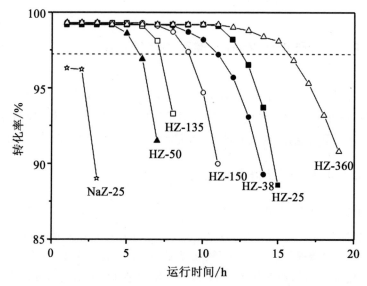

图 3-8　ZSM-5 沸石催化氧化苯乙烯的转化率随反应时间的变化

　　所有催化剂样品的比表面积、孔体积和孔径都相似,说明催化剂的孔道结构不会造成催化性能的差异。因此,本章认为除了酸强度能够影响催化剂的寿命外,酸性位的浓度也与催化剂的寿命有关。对于相同强度的酸性位来说,当酸性位因积碳而失活减少到一定程度时,氧化苯乙烯的转化率才开始下降,因此催化剂的寿命会随着酸浓度的增加而逐渐延长,反之亦然。例如 HZ-25、HZ-38、HZ-50 上强酸位强度的变化幅度较小(438~417 ℃),而它们的酸浓度却明显减小,分别为 0.606 mmol/g、0.416 mmol/g、0.336 mmol/g,所以 HZ-25、HZ-38、HZ-50 的寿命变化趋势主要受酸浓度的影响,即随着沸石硅铝比的增加(即酸浓度减小)而逐渐减小。HZ-135、HZ-150、HZ-360 上强酸位的强度明显降低(397~342 ℃),此时催化剂的寿命主要受酸强度的影响,即随着硅铝比的增加,强酸位的强度逐渐下降,苯乙醛发生羟醛缩合或聚合等副反应的速率下降,催化剂表面的积碳速率也随之降低,使得催化剂的寿命有所增加。综上所述,要想提高催化剂的稳定性,在增加酸性位浓度的同时,还要降低它们的酸强度。

　　经 GC-MS 测定，氧化苯乙烯在 HZSM-5 催化剂上的重排反应如图 3-9 所示，主要的副产物为苯乙醛的二聚体（2,4-二苯基-2-丁烯醛）和三聚体（2,4,6-三苄基-s-三氧杂环己烷，mp 155～156 ℃），二聚体是苯乙醛通过羟醛缩合反应生成的，三聚体则是苯乙醛在酸性位发生三聚反应生成的[30]。其他副产物，如苯乙烯、苯甲醛、苯乙二醇等，也能够被 GC-MS 检测到，只是这些副产物的含量较少，总选择性还不到 1%。

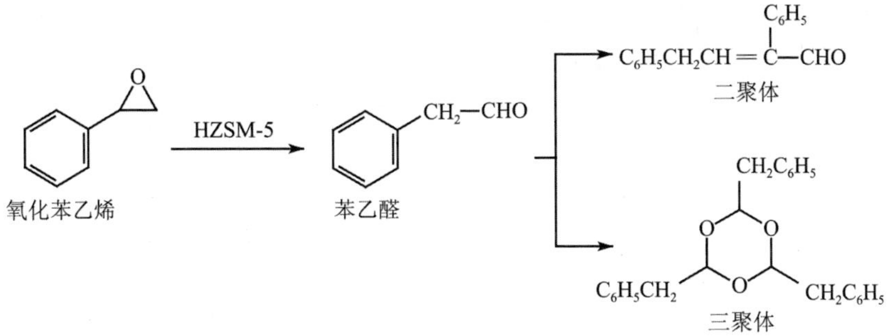

图 3-9　氧化苯乙烯在 HZSM-5 催化剂上的重排反应

　　苯乙醛、苯乙醛的二聚体和三聚体在不同硅铝比 HZSM-5 沸石上的选择性如图 3-10 所示。苯乙醛在 HZ-25、HZ-38、HZ-50 上的初选择性（TOS＝1.0 h）分别只有 56%、76%、92%，这是因为苯乙醛发生三聚反应生成了大量的三聚体。随着反应时间的进行，三聚体的生成量逐渐减小，例如在 HZ-25、HZ-38、HZ-50 上分别连续反应 11 h、9 h、4 h 后，已经没有三聚体的生成，同时苯乙醛的选择性增大到 96% 以上，且不随反应转化率的下降而发生变化。HZ-135、HZ-150、HZ-360 上自始至终都没有三聚体的生成，苯乙醛的选择性也都保持在 96% 以上。经 2,4,6-三甲基吡啶吸附的红外光谱测定，HZ-25、HZ-38、HZ-50 都含有明显的外表面酸性位，且外表面酸性位的量随着硅铝比的增加而逐渐减少；而 HZ-135、HZ-150、HZ-360 只含有痕量的外表面酸性位，基本可以忽略不计。由此可以断定，苯乙醛的三聚反应主要发生在催化剂外表面的酸性位上，外表面上的酸性位不受空间和扩散限制，往往比孔道内的酸性位优先失活[27]，因此苯乙醛的三聚反应只发生在重排反应的初级阶段，三聚体的生成量也随着反应的进行逐渐降低。而由于 HZ-135、HZ-150、HZ-360 上的外表面酸性位较少，不足以催化苯乙醛发生三聚反应，所以自始至终都没有三聚体的生成。

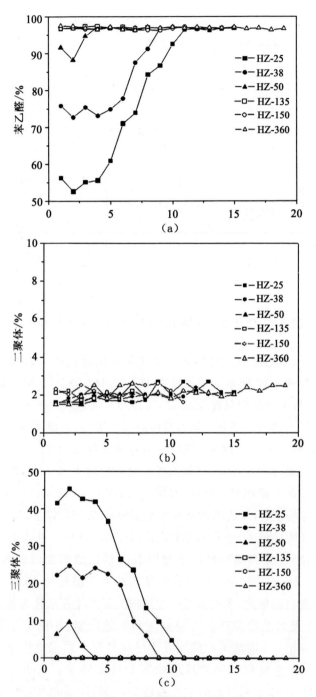

图 3-10　HZSM-5 催化反应生成主要产物的选择性随反应时间的变化

如图 3-10(b)所示,在所有的催化剂样品上,二聚体的选择性始终保持在 1%～3%,说明苯乙醛的羟醛缩合反应对催化剂酸性的变化不敏感,这可能是一个由热力学控制的自发反应过程。

3.3.4.2 反应温度对重排反应的影响

本章在 HZ-135 上,考察了不同反应温度(200～400 ℃)对氧化苯乙烯重排反应的影响,结果如表 3-7 所示。在 200～400 ℃,氧化苯乙烯的初转化率(TOS＝1.0 h)都大于 99%,反应过程中没有三聚体的生成,二聚体的选择性也始终保持在 1%～3%,苯乙醛的选择性都大于 96%。但是,催化剂的寿命随着反应温度的升高呈现出先增加后减小的趋势,例如当反应温度为 200 ℃时,连续反应 5 h 后催化剂就开始失活;而当反应温度升高至 250 和 300 ℃时,分别连续反应 8～9 h 后催化剂才开始失活,催化剂的寿命提高了近一倍;继续升高反应温度至 350 和 400 ℃时,催化剂的失活速率又明显加快。从催化剂的稳定性来看,本反应的最佳反应温度为 250～300 ℃。

表 3-7 反应温度对氧化苯乙烯重排反应的影响

TOS /h	$T＝200$ ℃				$T＝250$ ℃				$T＝300$ ℃			
	X	S_p	S_d	S_t	X	S_p	S_d	S_t	X	S_p	S_d	S_t
1	99.1	97.3	1.8	0.0	99.1	96.9	2.2	0.0	99.1	97.5	1.5	0.0
2	99.1	97.1	1.9	0.0	99.1	97.1	2.0	0.0	99.1	97.4	1.7	0.0
3	99.1	96.7	2.4	0.0	99.1	96.6	2.5	0.0	99.1	97.2	1.8	0.0
4	99.1	97.2	2.0	0.0	99.1	97.2	1.9	0.0	99.1	97.4	1.7	0.0
5	99.1	97.4	1.8	0.0	99.1	97.3	1.7	0.0	99.1	97.3	1.7	0.0
6	99.0	97.3	1.8	0.0	99.1	97.2	2.0	0.0	99.1	97.5	1.7	0.0
7	97.9	96.7	2.2	0.0	99.1	97.5	1.8	0.0	99.1	97.0	1.9	0.0
8	93.1	97.2	1.9	0.0	99.1	97.7	1.6	0.0	99.1	97.1	2.0	0.0
9	—	—	—	—	99.1	97.4	1.7	0.0	99.1	97.4	1.8	0.0
10	—	—	—	—	98.9	96.8	2.3	0.0	99.0	97.7	1.6	0.0
11	—	—	—	—	97.1	96.9	2.0	0.0	98.6	97.4	1.7	0.0
12	—	—	—	—	93.9	97.4	1.8	0.0	97.0	97.6	1.6	0.0
13	—	—	—	—	—	—	—	—	93.2	97.3	1.9	0.0

续表

TOS	$T=350\ ℃$				$T=400\ ℃$							
/h	X	S_p	S_d	S_t	X	S_p	S_d	S_t				
1	99.1	97.9	1.1	0.0	99.1	98.1	0.9	0.0				
2	99.1	98.3	0.8	0.0	99.1	98.0	1.0	0.0				
3	99.1	98.0	1.1	0.0	99.1	98.1	1.0	0.0				
4	99.1	98.4	0.7	0.0	99.1	97.9	1.1	0.0				
5	99.1	98.4	0.8	0.0	99.0	98.4	0.7	0.0				
6	90.0	98.4	0.6	0.0	98.9	98.6	0.6	0.0				
7	98.8	98.2	0.9	0.0	98.3	98.3	0.7	0.0				
8	97.8	98.0	1.0	0.0	97.6	98.2	0.8	0.0				
9	97.3	97.9	1.2	0.0	96.4	98.6	0.5	0.0				
10	96.0	98.1	0.9	0.0	93.5	98.1	0.9	0.0				
11	93.6	98.1	0.9	0.0	—	—	—	—				

注:X—氧化苯乙烯的转化率(wt%),S_p—苯乙醛的选择性(wt%),S_d—二聚体的选择性(wt%),S_t—三聚体的选择性(wt%)。反应条件:反应压力=1 atm,催化剂=0.5 g,载气=120 mL/min,WHSV=3 h^{-1}。

3.3.4.3 重时空速对重排反应的影响

以 HZ-135 为催化剂,反应的进料量(即重时空速,WHSV)对重排反应的影响如表 3-8 所示。当 WHSV=1.2~6.0 h^{-1} 时,氧化苯乙烯的初转化率(TOS=1.0 h)都大于 99%,且反应过程中没有三聚体的生成,主要副产物只有苯乙醛的二聚体,二聚体的选择性随着进料量的增加有所提高,例如当 WHSV=6.0 h^{-1},二聚体的选择性提高到了 3%~6%。另外催化剂的寿命受进料量的影响较大,当 WHSV=1.2 h^{-1} 时,催化剂在连续反应 19 h 后才开始发生失活;而当 WHSV=6 h^{-1} 时,连续反应 2 h 后催化剂便发生失活。这可能是因为进料量增加时,催化剂表面苯乙醛的浓度增大,苯乙醛之间发生羟醛缩合或聚合的概率大大增加,积碳速率也随之加快,导致催化剂快速失活。

表 3-8　重时空速对氧化苯乙烯重排反应的影响

TOS /h	WHSV＝1.2 h^{-1}				WHSV＝3.0 h^{-1}				WHSV＝6.0 h^{-1}			
	X	S_p	S_d	S_t	X	S_p	S_d	S_t	X	S_p	S_d	S_t
1	99.1	97.3	1.8	0.0	99.1	96.9	2.1	0.0	99.1	95.9	3.1	0.0
2	99.1	97.1	1.9	0.0	99.1	96.8	2.2	0.0	99.1	96.0	3.1	0.0
3	99.1	96.7	2.4	0.0	99.1	97.4	1.7	0.0	99.0	94.7	4.5	0.0
4	99.1	97.2	2.0	0.0	99.1	97.6	1.8	0.0	96.2	93.8	5.3	0.0
5	99.1	97.4	1.8	0.0	99.1	97.0	2.1	0.0	75.1	93.5	5.6	0.0
6	99.1	96.9	2.2	0.0	99.0	97.3	1.8	0.0	—	—	—	—
7	99.1	97.2	2.1	0.0	97.9	96.7	2.2	0.0	—	—	—	—
8	99.1	97.4	1.9	0.0	93.1	97.2	1.9	0.0	—	—	—	—
9	99.1	97.5	1.8	0.0	79.8	97.1	2.0	0.0	—	—	—	—
10	99.1	97.1	2.2	0.0	—	—	—	—	—	—	—	—
11	99.1	97.4	1.8	0.0	—	—	—	—	—	—	—	—
12	99.1	96.9	2.1	.0	—	—	—	—	—	—	—	—
13	99.1	96.9	2.1	0.0	—	—	—	—	—	—	—	—
14	99.1	97.6	1.7	0.0	—	—	—	—	—	—	—	—
15	99.1	97.5	1.7	0.0	—	—	—	—	—	—	—	—
16	99.1	97.2	2.0	0.0	—	—	—	—	—	—	—	—
17	99.1	97.4	2.1	0.0	—	—	—	—	—	—	—	—
18	99.1	97.1	2.0	0.0	—	—	—	—	—	—	—	—
19	99.1	97.3	1.9	0.0	—	—	—	—	—	—	—	—
20	99.0	97.5	1.8	0.0	—	—	—	—	—	—	—	—
21	89.9	96.9	1.9	0.0	—	—	—	—	—	—	—	—
22	89.8	97.7	1.7	0.0	—	—	—	—	—	—	—	—
23	98.4	96.9	2.2	0.0	—	—	—	—	—	—	—	—

续表

| TOS | WHSV=1.2 h^{-1} | | | | WHSV=3.0 h^{-1} | | | | WHSV=6.0 h^{-1} | | | |
/h	X	S_p	S_d	S_t	X	S_p	S_d	S_t	X	S_p	S_d	S_t
24	97.5	96.8	2.3	0.0	—	—	—	—	—	—	—	—
25	96.4	97.0	2.1	0.0	—	—	—	—	—	—	—	—
26	94.6	97.2	1.9	0.0	—	—	—	—	—	—	—	—

注：X—氧化苯乙烯的转化率(wt%)，S_p—苯乙醛的选择性(wt%)，S_d—二聚体的选择性(wt%)，S_t—三聚体的选择性(wt%)。反应条件：反应温度=200 ℃，反应压力=1 atm，催化剂=0.5 g，载气(N_2)=120 mL/min。

3.3.4.4 载气流量对重排反应的影响

文献[1,5]中报道，氧化苯乙烯重排生成的苯乙醛要尽快脱离催化剂表面，通常反应物料在催化剂床层的停留时间应在 3～5 s，否则苯乙醛会在催化剂表面生成大量的聚合物，导致催化剂快速失活。通过调节载气的流量，可以控制反应物料在催化剂床层的停留时间，本章在 HZ-135 上，考察了载气流量对氧化苯乙烯重排反应的影响，结果如表 3-9 所示。载气流量为 30～120 mL/min 时，氧化苯乙烯的初始转化率(TOS=1.0)都大于 99%，反应过程中的主要副产物只有苯乙醛的二聚体，没有三聚体的生成。随着载气流量的下降，二聚体的选择性明显增加，同时催化剂的寿命也逐渐降低，这是因为降低载气流量，苯乙醛与催化剂的接触时间增加，使得苯乙醛发生羟醛缩合或聚合的概率增大，从而生成了较多的二聚体，既降低了苯乙醛的选择性，还使得催化剂的失活速率加快。

表 3-9　载气流量对氧化苯乙烯重排反应的影响

| TOS | N_2=30 mL/min | | | | N_2=60 mL/min | | | | N_2=120 mL/min | | | |
/h	X	S_p	S_d	S_t	X	S_p	S_d	S_t	X	S_p	S_d	S_t
1	99.1	95.9	3.2	0.0	99.1	96.9	2.1	0.0	99.1	96.9	2.1	0.0
2	99.1	95.6	3.4	0.0	99.1	97.0	2.1	0.0	99.1	96.8	2.2	0.0
3	99.1	95.3	3.8	0.0	99.1	96.7	2.4	0.0	99.1	97.4	1.7	0.0
4	99.1	95.4	3.6	0.0	99.1	96.2	2.9	0.0	99.1	97.6	1.8	0.0

续表

TOS /h	$N_2 = 30$ mL/min				$N_2 = 60$ mL/min				$N_2 = 120$ mL/min			
	X	S_p	S_d	S_t	X	S_p	S_d	S_t	X	S_p	S_d	S_t
5	99.0	92.9	6.2	0.0	99.0	95.9	3.2	0.0	99.1	97.0	2.1	0.0
6	93.5	92.6	6.5	0.0	96.9	94.8	4.3	0.0	99.0	97.3	1.8	0.0
7	75.8	90.6	8.4	0.0	86.2	93.9	5.2	0.0	97.9	96.7	2.2	0.0
8	—	—	—	—	—	—	—	—	93.1	97.2	1.9	0.0

注: X—氧化苯乙烯的转化率(wt%), S_p—苯乙醛的选择性(wt%), S_d—二聚体的选择性(wt%), S_t—三聚体的选择性(wt%)。反应条件:反应温度=200 ℃,反应压力=1 atm,催化剂=0.5 g,WHSV=3 h^{-1}。

3.3.4.5　积碳分析

在催化剂的使用过程中,一些大分子的聚合物会逐渐聚集并覆盖在催化剂表面,阻碍反应物与活性位的接触,导致催化剂的反应活性下降,此即为催化剂因积碳而失活的过程。氧化苯乙烯在酸性催化剂上发生重排生成苯乙醛的反应中,积碳是造成催化剂失活的主要原因[12,29]。

本章以 SiO_2/Al_2O_3 为 25、135、360 的 HZSM-5 为催化剂为例,在固定床反应器上对其活性进行测试,当反应的转化率下降2%时即认为催化剂失活,此时停止进料,并保持在原反应温度下用 N_2 吹扫2 h,然后降至室温并卸载催化剂。通过对比新鲜催化剂和失活催化剂的 XRD 图(如图 3-11 所示)可知,失活催化剂在 $2\theta = 9.2°$、$10.2°$处的衍射峰强度明显下降,这可能是积碳沉积在催化剂表面或孔道中,加剧了沸石的无定形化,降低了沸石晶体的长程有序性。新鲜催化剂在 $2\theta = 26.9°$、$27.1°$处的衍射峰为肩峰,而在失活催化剂上,该处的肩峰发生合并,在 $2\theta = 27.0°$形成了一个的较强的单峰,这可能是因为积碳夹杂在沸石晶格中,造成晶体局部的应力发生改变,出现点阵畸变,从而使晶体的衍射峰形发生了改变。通过对比,失活催化剂在 $2\theta = 31.1°$(箭头处)处出现一个较弱的新的衍射峰,它与石墨的特征峰 $2\theta = 30.7°$(JCPDS-PDF:00-001-0640)相近,因此可以认为失活的 HZSM-5 沸石催化剂表面形成了少量的石墨类积碳。

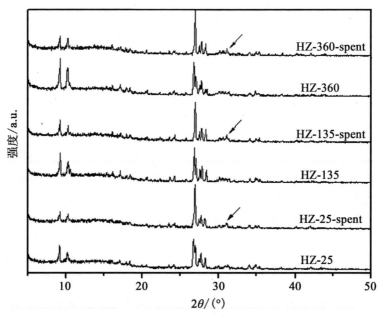

图 3-11　新鲜与失活 HZSM-5 沸石的 XRD 图

傅里叶红外光谱(FT-IR)可以直观观察催化剂表面的积碳种类,对脂肪烃、烯烃、芳烃或稠环芳烃类的积碳进行鉴别[31-33]。本节采用 KBr 压片法,分别对失活的 HZ-25、HZ-135 和 HZ-360 沸石进行了红外光谱测定。积碳物质的红外吸收峰主要分布在两个区域:$2\,800\sim3\,100\,cm^{-1}$ 和 $1\,300\sim1\,700\,cm^{-1}$,$2\,800\sim3\,100\,cm^{-1}$ 的区域主要是脂肪烃和芳香烃的 C—H 键的振动吸收峰,$1\,300\sim1\,700\,cm^{-1}$ 主要是聚合芳烃、共轭烯烃及脂肪烃的碳弯曲振动吸收峰[31]。

失活 HZSM-5 催化剂在 $2\,800\sim3\,100\,cm^{-1}$ 范围内的红外光谱如图 3-12 所示,$2\,866\,cm^{-1}$、$2\,930\,cm^{-1}$ 分别属于—CH$_2$ 的对称和不对称伸缩振动吸收峰[32,33],$3\,026\,cm^{-1}$、$3\,058\,cm^{-1}$ 属于单环芳烃或烷基芳烃中 C—H 键的对称和不对称伸缩振动吸收峰[31,33,34],说明催化剂表面肯定存在芳香烃类的积碳,而不能确定是否存在脂肪类积碳,因为—CH$_2$ 有可能只是以芳烃取代基的形式存在。$3\,087\,cm^{-1}$ 为烯烃 C—H 键的不对称伸缩振动吸收峰[31],因为只有在苯乙醛的缩合产物中才有烯烃存在,由此可以确定苯乙醛的缩合产物是形成积碳的一种前驱体。

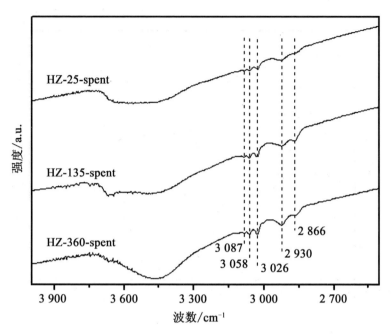

图 3-12　失活 HZSM-5 沸石在 2 800～3 100 cm⁻¹内的红外光谱图

　　失活 HZSM-5 催化剂在 1 300～1 700 cm⁻¹ 范围内的红外光谱如图 3-13 所示。1 453 cm⁻¹、1 495 cm⁻¹ 为苯环骨架振动的特征吸收峰；1 540 cm⁻¹、1 559 cm⁻¹ 分别属于烷基芳烃和聚合芳烃中 C—H 键的弯曲振动峰[31,34,35]；1 600～1 650 cm⁻¹ 处的宽峰为氢含量较少的积碳峰，它可能是一些聚合烯烃或稠环芳烃[33,35]；1 700～1 720 cm⁻¹ 附近的吸收峰为羰基吸收峰[34]，从而进一步证实了积碳中有缩合产物的存在。

　　本章还利用热重（TG）对失活 HZSM-5 沸石表面的积碳量进行了测定，如图 3-14 所示。所有样品的 TG 曲线均可分成三个失重段，分别在＜200 ℃、200～400 ℃ 和 400～700 ℃，＜200 ℃ 的失重是催化剂样品失去表面水分和易挥发物料造成的，而 200～400 ℃、400～700 ℃ 的失重是催化剂表面的积碳在高温的空气中氧化或分解造成的。

　　200～400 ℃ 失去的积碳通常称为软积碳，在相对较低的温度下即可除去。从图 3-14 中可以看出，HZ-38 上的软积碳量最多（可达 14.7％），随后软积碳量随着硅铝比的增加逐渐减少，这正好与催化剂上弱酸浓度的变化趋势相同（见表 3-6），HZ-38 上的弱酸位的浓度最大（可达 0.234 mmol/g）。由此可知，这部分软积碳可能沉积在催化剂的弱酸位上，弱酸位越多，反应过程中形成软积碳的量越大。

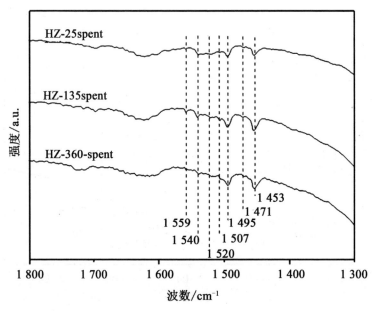

图 3-13 失活 HZSM-5 沸石在 1 300～1 700 cm^{-1} 内的红外光谱图

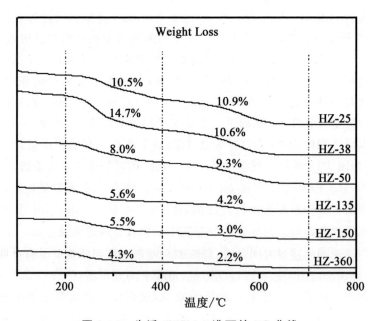

图 3-14 失活 HZSM-5 沸石的 TG 曲线

400～700 ℃失去的积碳通常被称为硬积碳,它们往往是一些聚合度较高的化合物或石墨类碳颗粒,因此要在较高的温度下才能除去。硬积碳的量随着硅铝比的增加逐渐减少,且 HZ-25、HZ-38 和 HZ-50 表面的硬积碳量明显高于 HZ-135、HZ-150 和 HZ-360。由 NH_3-TPD 可知,不同硅铝比 HZSM-5 沸石的强酸位的强度和浓度都随着硅铝比的增加而减小,而且 HZ-25、HZ-38 和 HZ-50 上强酸位的强度(417～438 ℃)要明显高于 HZ-135、HZ-150 和 HZ-360(342～397 ℃)。通过对比可知,硬积碳的量与强酸位的强度和浓度相对应,说明这部分硬积碳主要是在强酸位上形成的。

3.4　结　论

本章以不同硅铝比的 ZSM-5 沸石($SiO_2/Al_2O_3=25$～360)为催化剂,采用 XRF、N_2 吸附-脱附、XRD、NH_3-TPD、吡啶及 2,4,6-三甲基吡啶吸附的红外光谱对催化剂的物理性质和酸性进行了表征,并考察了催化剂的酸性对氧化苯乙烯重排反应的影响,结果发现:

(1)重排反应主要发生在 HZSM-5 沸石的强酸位上,且不同强度(342～438 ℃)和浓度(0.048～1.076 mmol/g)的酸性位均能完全催化此反应的进行。

(2)酸性位的强度和浓度都影响着催化剂的稳定性,要想提高催化剂的寿命,在增加酸性位的浓度的同时,还要降低它们的酸强度。另外,反应温度、重时空速和载气流量对催化剂稳定性的影响都较大,当反应温度为 250～300 ℃时,催化剂的寿命最长;重时空速(1.2～6 h^{-1})越小,反应产物在催化剂表面的浓度越低,催化剂表面的积碳速率随之下降,催化剂的寿命得到了提高;载气流量(30～120 mL/min)越大,反应产物与催化剂的接触时间越短,羟醛缩合或聚合等副反应发生的概率下降,催化剂表面的积碳速率随之降低,催化剂的寿命提高。

(3)本反应的主要的副产物为苯乙醛的二聚体(2,4-二苯基-2-丁烯醛)和三聚体(2,4,6-三苄基-s-三氧杂环己烷),二聚体是苯乙醛通过羟醛缩合反应生成的,基本不受催化剂酸性的影响,但是随着进料量的增加和载气流量的下降,二聚体的生成量有所增加;三聚体则是苯乙醛在催化剂外表面的酸性位上发生三聚反应生成的,导致苯乙醛的选择性明显下降。

(4)失活催化剂表面主要有两种类型的积碳,软积碳(200～400 ℃)和硬积碳(400～700 ℃),软积碳主要是在催化剂的弱酸位上形成的,硬积碳则主要是在强酸位上形成的。

(5)较高硅铝比 HZSM-5 沸石(如 $SiO_2/Al_2O_3=360$),所含强酸位的强度较弱,且不含有外表面酸性位,更加适合用于催化氧化苯乙烯的重排反应,它既具有较高的稳定性,又具有较高的活性和选择性,苯乙醛的产率高达 95％以上。

参考文献

[1] H.Smuda,W.Hoelderich,N.Goetz,et al.Preparation of phenylacetaldehydes[P]. Basf Ag (Badi),US patent,1990.

[2] W.Hoelderich,N.Goetz,L.Hupfer,et al.H.Theobald,B.Wolf,phenylacetaldehydes and the preparation of phenylacetaldehydes[P].Basf Ag (Badi),US patent,1993.

[3] J.M.Watson.Thermplysis of styrene oxide,Cosden Technology Inc (Cosd)[P]. US patent,1975.

[4] H.Kochkar.J.M.Clacens,F.Figueras.Isomerization of styrene epoxide on basic solids[P].Catal.Lett.,2002,78;91-94.

[5] B.G.Pope.Production of arylacetaldehydes[P].Dow Chem Co (Dowc),US patent,1987.

[6] F.Zaccheria,R.Psaro,N.Ravasio,et al.Mono and bifunctional catalysts for styrene oxide isomerization or hydrogenation[J].Catal.Lett.,2011,141;587-591.

[7] E.Ruiz-Hitzky,B.Casal.Epoxide rearrangements on mineral and silica-alumina surfaces[J].J.Catal.,1985,92;291-295.

[8] G.K.S.Prakash,T.Mathew,S.Krishnaraj,et al.Nafion-H catalysed isomerization of epoxides to aldehydes and ketones[J].Appl.Catal.A;Gen.,1999,181;283-288.

[9] K.Smith,G.A.El-Hiti,M.Al-Shamali.Rearrangement of epoxides to carbonyl compounds in the presence of reusable acidic zeolite catalysts under mild conditions[J].Catal.Lett.,2006,109;77-82.

[10] M.Chamoumi,D.Brunel,P.Geneste,et al.Rearrangement of epoxides using modified zeolites[J].Stud.Surf.Sci.Catal.,1991,59;573-579.

[11] D.Brunel, M.Chamoumi, B.Chiche, et al. Selective synthesis of carbonyl compounds using zeolites[J]. Stud.Surf.Sci.Catal., 1989, 52:139-149.

[12] V.V.Costa, K.A.da Silva Rocha, I.V.Kozhevnikov, et al. Isomerization of styrene oxide to phenylacetaldehyde over supported phosphotungstic heteropoly acid [J]. Appl.Catal.A:Gen., 2010, 383:217-220.

[13] I.Salla, O.Bergada, P.Salagre, et al. Isomerisation of styrene oxide to phenylacetaldehyde by fluorinated mordenites using microwaves[J]. J.Catal., 2005, 232:239-245.

[14] M.D.González, Y.Cesteros, P.Salagre, et al. Effect of microwaves in the dealumination of mordenite on its surface and acidic properties[J]. Microporous Mesoporous Mater., 2009, 118:341-347.

[15] N.Y.Topsøe, K.Pedersen, E.G.Derouane. Infrared and temperature-programmed desorption study of the acidic properties of ZSM-5-type zeolites[J]. J.Catal., 1981, 70:41-52.

[16] G.Seo, H.S.Jeong, S.B.Hong, et al. Skeletal isomerization of 1-butene over ferrierite and ZSM-5 zeolites: influence of zeolite acidity[J]. Catal.Lett., 1996, 36:249-253.

[17] S.M.Campbell, D.M.Bibby, J.M.Coddington, et al. Dealumination of HZSM-5 zeolites I. calcination and hydrothermal treatment[J]. Journal of Catalysis, 1996, 161:338-349.

[18] R.Le-Van-Mao, S.T.Le, D.Ohayon, et al. Modification of the micropore characteristics of the desilicated ZSM-5 zeolite by thermal treatment[J]. Zeolites, 1997, 19:270-278.

[19] P.L.Tan, Y.L.Leung, S.Y.Lai, et al. The effect of calcination temperature on the catalytic performance of 2 wt.% Mo/HZSM-5 in methane aromatization[J]. Appl.Catal.A, 2002, 228:115-125.

[20] L.Tao, L.Chen, S.F.Yin, et al. Catalytic conversion of CH_3Br to aromatics over PbO-modified HZSM-5[J]. Appl.Catal.A:Gen., 2009, 367:99-107.

[21] S.Inagaki, K.Kamino, E.Kikuchi, et al. Shape selectivity of MWW-type aluminosilicate zeolites in the alkylation of toluene with methanol[J]. Appl.Catal.A, 2007, 318:22-27.

[22] R.J.Kalbasi, M.Ghiaci, A.R.Massah. Highly selective vapor phase nitration of toluene to 4-nitro toluene using modified and unmodified H_3PO_4/ZSM-5[J]. Appl.Catal.A, 2009, 353:1-8.

[23] F.Thibault-Starzyk, I.Stan, S.Abelló, et al. Quantification of enhanced acid site accessibility in hierarchical zeolites-the accessibility index[J]. J.Catal., 2009,

264:11-14.

[24] J. L. Motz, H. Heinichen, W. F. Hölderich. Direct hydroxylation of aromatics to their corresponding phenols catalysed by H-[Al] ZSM-5 zeolite[J]. J. Mol. Catal. A:Chem,1998,136:175-184.

[25] J. A. van-Bokhoven, M. Tromp, D. C. Koningsberger, et al. An explanation for the enhanced activity for light alkane conversion in mildly steam dealuminated mordenite: The dominant role of adsorption[J]. J. Catal. ,2001,202:129-140.

[26] C. A. Emeis. Determination of integrated molar extinction coefficients for infrared absorption bands of pyridine adsorbed on solid acid catalysts[J]. J. Catal. ,1993, 141:347-354.

[27] W. Ding, G. D. Meitzner, E. Iglesia. The effects of silanation of external acid sites on the structure and catalytic behavior of Mo/H-ZSM5[J]. J. Catal. ,2002,206: 14-22.

[28] M. S. Holm, S. Svelle, F. Joensen, et al. Assessing the acid properties of desilicated ZSM-5 by FTIR using CO and 2, 4, 6-trimethylpyridine (collidine) as molecular probes[J]. Appl. Catal. A:Gen. ,2009,356:23-30.

[29] W. F. Hölderich, U. Barsnick. Rearrangement of epoxides, in: R. A. Sheldon, H. van Bekkum (Eds.) Fine chemicals through heterogeneous catalysis[J]. Wiley-VCH,Weinheim,2001:217-231.

[30] J. L. E. Brickson, G. N. Grammer. The spontaneous polymerization of phenylacet-aldehyde[J]. J. Am. Chem. Soc. ,1958,80:5466-5469.

[31] P. Castaño, G. Elordi, M. Olazar, et al. Insights into the coke deposited on HZSM-5,Hβ and HY zeolites during the cracking of polyethylene[J]. Appl. Catal. B, 2011,104:91-100.

[32] J. W. Park, G. Seo. IR study on methanol-to-olefin reaction over zeolites with different pore structures and acidities[J]. Applied Catalysis A:General,2009,356: 180-188.

[33] M. Rozwadowski, M. Lezanska, J. Wloch, et al. Investigation of coke deposits on Al-MCM-41[J]. Chem. Mater. ,2001,13:1609-1616.

[34] L. Becker, H. Förster. Investigations of coke deposits formed during deep oxidation of benzene over Pd and Cu exchanged Y-type zeolites[J]. Appl. Catal. A, 1997,153:31-41.

[35] H. Karge, W. Niessen, H. Bludau. In-situ FTIR measurements of diffusion in coking zeolite catalysts[J]. Applied Catalysis A:General,1996,146:339-349.

第 4 章 磷改性 HZSM-5 沸石的催化性能

4.1 引 言

由第 3 章可知,氧化苯乙烯的重排反应主要发生在 HZSM-5 沸石的强酸位上,且不同硅铝比的 HZSM-5 沸石($SiO_2/Al_2O_3＝25～360$)均能完全催化反应的进行;催化剂的稳定性同时受酸强度和酸浓度的影响,要想提高催化剂的寿命,在增加酸性位浓度的同时,还要降低它们的酸强度;另外,催化剂外表面上的酸性位能够催化苯乙醛发生三聚反应,生成大量的三聚体,导致苯乙醛的选择性降低,因此还要想办法钝化催化剂外表面上的酸性位。

大量文献报道,磷改性既能够降低 HZSM-5 沸石上强酸位的强度[1-4],又能够提高沸石的抗积碳性能[5,6],但是还没有人对磷改性 HZSM-5 用于氧化苯乙烯重排制备苯乙醛进行过详细研究。本章采用等体积浸渍法,在 HZ-25 沸石上负载了一定量的磷酸,制备了一系列磷改性的 HZSM-5 沸石催化剂(具体步骤见实验部分),并考察了它们在氧化苯乙烯气相重排制备苯乙醛反应中的催化性能。

4.2 实验部分

4.2.1 原料与试剂

催化剂制备及其活性评价过程中用到的主要原料和试剂如表 4-1 所示。

表 4-1　试剂及原材料

试剂名称	纯度或规格	生产厂家或经销商
氧化苯乙烯	≥98.0%	TCI(上海)化成工业发展有限公司
ZSM-5	$SiO_2/Al_2O_3 = 25\sim360$	南开大学催化剂厂
磷酸	≥85.0%	天津市江天化工技术有限公司
硝酸铵	≥99.0%	天津石英钟厂霸州市化工分厂
吡啶	≥99.5%	天津市光复科技发展有限公司
2,4,6-三甲基吡啶	≥98.0%	TCI(上海)化成工业发展有限公司
1,2-二氯乙烷	≥99.0%	天津市光复科技发展有限公司
普通氮气	≥99.99%	天津市六方气体有限公司
高纯氮气	≥99.999%	天津市六方气体有限公司
普通空气	≥99.99%	天津市六方气体有限公司
普通氢气	≥99.99%	天津市六方气体有限公司
普通氨气	≥99.99%	天津市六方气体有限公司

4.2.2　催化剂的制备

本章采用等体积浸渍法制备了一系列磷改性 HZSM-5 催化剂 ($SiO_2/Al_2O_3 = 25$),主要制备步骤如下所示:

(1)取一定量的 HZ-25 沸石粉末,压片、粉碎、过筛,得到 20～30 目的催化剂颗粒,并在 500 ℃下煅烧 4 h,然后存放于干燥皿中备用。

(2)称取 1 g 干燥的催化剂颗粒,测定其饱和吸水量,经测定 HZ-25 的饱和吸水量为 1.6 mL/g。

(3)根据拟设定的磷加入量和沸石的饱和吸水量,配制不同浓度的磷酸溶液。

(4)称取 10 g 干燥的催化剂颗粒,慢慢滴加一定量的磷酸溶液,并搅拌均匀。

(5)在室温下自然干燥 24 h,然后分别在 110 ℃下干燥 3 h 和 500 ℃下煅烧 4 h,即可得磷改性的 HZSM-5 沸石催化剂。

上述磷改性沸石上拟设定 P/Al 比分别为 0.5、1.0、1.5、2.0,对应磷的加入量为 1.8、3.4、4.9、6.2 wt%,并标记为 PZ-y,y 为 P/Al。

4.2.3　催化剂的表征

4.2.3.1　N₂ 吸附-脱附

N₂ 吸附-脱附是在 Quantachrome Autosorb-1 型吸附仪上测定的。首先将催化剂样品进行抽真空(10^{-2} Pa)处理,并在 300 ℃下处理 6 h;然后在 77 K 的液氮中进行 N₂ 的吸附-脱附测定。催化剂的总比表面积是通过多点 BET 方法计算得来的,总孔体积是通过脱附支的 BJH 方法计算得来的,微孔比表面积、外比表面积和微孔体积是根据 t 方法得来的,微孔与介孔的孔径分布分别是由 H-K 和 BJH 方法得来的。

4.2.3.2　X 射线荧光(XRF)

XRF 是在 Bruker S4 Pioneer X 射线荧光光谱仪上测定的,用来对催化剂的组成进行分析。X 射线发射源为陶瓷铑靶光管,管电压为 40 kV,双检测器。

4.2.3.3　X 射线多晶粉末衍射(XRD)

磷改性催化剂的物相结构是在 Rigaku D/max 2500V/PC 型 X 射线衍射仪上测定的,靶材料为 Cu Kα 发射源($\lambda = 0.1541$ nm),扫描范围 $2\theta = 5 \sim 50°$,扫描步长 0.02°,扫描速度 5°/min,采用连续扫描方式,管电压和管电流分别为 40 kV 和 40 mA。

催化剂样品的相对结晶度是根据 $2\theta = 22.5 \sim 24.5°$ 的峰面积来计算的,计算公式如式(4-1)所示。

$$Y_x = \frac{A_x}{A_r} \times 100\% \qquad (4-1)$$

其中,Y_x 为相对结晶度;A_x 为待测样品的 XRD 谱图中 $2\theta = 22.5 \sim 24.5°$ 的峰面积;A_r 为参比样品的 XRD 谱图中 $2\theta = 22.5 \sim 24.5°$ 的峰面积。

4.2.3.4　NH₃ 程序升温脱附(NH₃-TPD)

催化剂的酸强度和酸量是在本实验室自行组装的 NH₃ 程序升温脱附仪(流程如图 4-1 所示)上测定的,测定步骤如下:

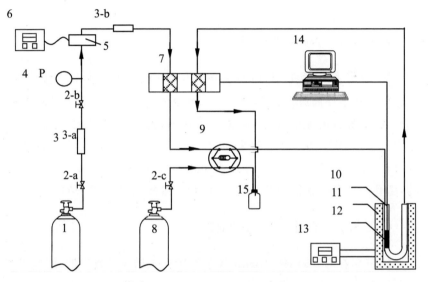

图 4-1　NH₃-TPD 的装置流程图

1. 氮气钢瓶;2. 稳流阀;3. 过滤器;4. 压力表;5. 质量流量计;6. 质量流量计控制仪;7. 热导检测器;8. 氨气钢瓶;9. 六通阀;10. U 型石英管;11. 加热炉;12. 催化剂样品;13. 温度控制仪;14. 数据采集系统;15. NH₃吸收瓶

(1)称取 0.1 g 20~30 目的催化剂样品颗粒,装填进 U 型石英管中,并检查整个装置的密封性。

(2)通入 N₂(50 mL/min),并加热到 500 ℃进行预处理 2 h。

(3)预处理完毕后,降至室温,经六通阀间歇地通入 NH₃,直至样品吸附饱和。

(4)将样品加热到 150 ℃,并保持 1 h,以脱除物理吸附的 NH₃。

(5)以 15 ℃/min 的速率升温到 500 ℃,用热导检测器检测脱附的NH₃,在线采集数据并记录。

(6)用硼酸溶液吸收在 150~500 ℃内脱附的 NH₃,并用标准H₂SO₄ 溶液(0.005 mol/L)对其进行滴定,以确定化学脱附的 NH₃ 量。

假定每个 NH₃ 分子代表一个酸性位,根据各个脱附峰的面积,以此来计算不同强度酸性位的浓度。

4.2.3.5　吡啶及 2,4,6-三甲基吡啶吸附的红外光谱

本章以吡啶和 2,4,6-三甲基吡啶为探针分子,结合傅里叶红外光谱,分别考察了催化剂的总酸位和外表面上的酸性位。吡啶及 2,4,6-三甲基吡啶吸附的红外光谱是在 Nicolet 380 红外光谱仪上测定的,检测器为 DTGS,扫描次数 32 次,分辨率 4 cm^{-1},扫描范围 1 700～1 400 cm^{-1}。具体操步骤如下:

(1)称取 15 mg 催化剂样品粉末,用压片机(2 MPa)压成直径为 13 mm 左右的圆形薄片。

(2)将催化剂薄片放入原位池中,旋紧螺母,以防漏气。

(3)对催化剂进行抽真空处理(10⁻³ Pa),并以 10 ℃/min 的速率升温至 500 ℃,保持 2 h。

(4)待温度降至室温,稳定 0.5 h 后,采集样品背景的红外光谱图。

(5)在室温下进行吡啶或 2,4,6-三甲基吡啶吸附,待吸附饱和后,升温至 200 ℃并保持 1 h,以除去物理吸附的探针分子。

(6)最后,在室温下测定吸附探针分子后样品的红外光谱图,扣除背景后,即可得吡啶或 2,4,6-三甲基吡啶吸附的红外光谱图。

4.2.3.6　固体核磁(MAS NMR)

固体核磁是在 Varian Infinity-Plus 300 型固体核磁共振仪上进行的,分别对样品中硅、铝、磷等元素的化学环境进行了分析。29Si MAS NMR 核磁共振谱的工作频率为 59.57 MHz,自旋速率 4.0 kHz,脉冲宽度 5 ms,循环延迟 11.0 s,外标物为四甲基硅烷(0 ppm);27Al MAS NMR 核磁共振谱的工作频率为 78.13 MHz,自旋速率 8.0 kHz,脉冲宽度 0.5 μs,循环延迟 3.0 s,以 1 mol/L Al(NO₃)₃ 溶液为外标物(0 ppm);31P MAS NMR 核磁共振谱的工作频率为 121.38 MHz,自旋速率 8.0 kHz,脉冲宽度 2 ms,循环延迟 35.0 s,以 85% 的磷酸溶液为外标物(0 ppm)。

4.2.3.7　X 射线光电子能谱(XPS)

本章在 PHI 1600 ESCA System 型光电子能谱仪上,对磷改性催化剂表面的元素状态进行了分析。Mg 靶作为 X 射线源($h\nu = 1253.6$ eV),操作电压 15 kV,功率 250 W,通能(Wide scan)187.85 eV,真空度 10^{-7} Pa,以污染碳(C1s:284.6 eV)为标准对峰位置进行校正。

4.2.3.8　傅里叶红外光谱(FT-IR)

本章采用傅里叶红外光谱(FT-IR)对失活催化剂表面的积碳种类进行了研究。采用 KBr 压片法,首先把一定量的催化剂样品和 KBr(W/W=1:200)混合均匀,并研磨成粉末;然后取一定量上述混合物,压成直径为 1 cm 的薄片(0.02 g/cm^2),放入 Nicolet 380 红外光谱仪的样品池中,扫面并记录样品的红外光谱图。设定扫描次数为 32,分辨率 4 cm^{-1},扫描范围 4 000~400 cm^{-1}。

4.2.3.9　热重分析(TG)

失活催化剂表面的积碳量是在 Perkin-Elmer Pyris 6 热分析仪上测定的,测定条件为:称取一定量的样品(5~10 g),放入样品池中,通入空气(100 mL/min),以 10 ℃/min 的速率从室温升高到 800 ℃,考察样品质量随温度的变化趋势。

4.2.4　催化剂的活性评价

本章以氧化苯乙烯重排制备苯乙醛为目标反应,在气相条件下,以 N$_2$ 为载气,不加入任何溶剂,对各个催化剂的催化性能进行评价。下面分别对评价装置和反应产物的定性、定量方法进行介绍。

4.2.4.1　评价装置

本实验中,催化剂的活性评价装置为鹏翔科技有限公司生产的固定床反应器,其流程如图 4-2 所示。反应器为管式反应器,采用内径为 9 mm 的不锈钢管加工而成。在低于 600 ℃时,加热炉的恒温区能够保持误差小于±1 ℃,并采用 K 型热电偶控制和测定催化剂床层的温度。

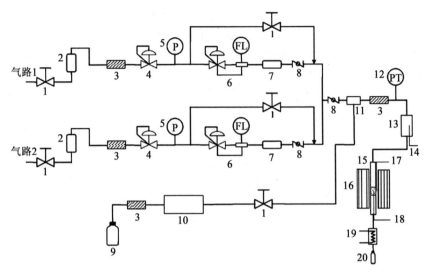

图 4-2 催化剂活性评价装置流程图

1. 截止阀;2. 脱除罐;3. 过滤器;4. 稳压阀;5. 稳压表;6. 质量流量计;
7. 缓冲罐;8. 单向阀;9. 原料瓶;10. 微量进样泵;11. 混合器;12. 压力
传感器;13. 预热器;14. 预热控温热电偶;15. 管式反应器;16. 加热炉;
17. 加热控温热电偶;18. 床层测温热电偶;19. 冷凝器;20. 产品瓶

固定床反应器使用的载气为普通氮气,由钢瓶提供,经气路 1 进入
系统,并由质量流量计 6 控制流量,而气路 2 始终处于关闭状态;氧化苯
乙烯(>98.0%)经微量进样泵 10 进入混合器 11,在载气的推动下,经
预热器 13 预热后进入反应器 15,与催化剂接触并发生反应;反应后的
物料经冷凝器 19 冷却后,收集在样品瓶 20 中。每隔一段时间更换样品
瓶,然后对其进行定性和定量分析。

所有的催化剂都要制成 20~30 目大小的颗粒,并装填在管式反应
器的恒温区。开始反应前,把反应器升温到 500 ℃,并通入 N_2,在线预
处理 2 h;然后降至反应温度,在载气的推动下,开始进料反应;反应结束
后,停止进料,在原反应温度和载气流量下空运行 2 h,尽可能地除去催
化剂表面吸附的物料;最后卸载催化剂,并对反应器进行清洗。

4.2.4.2 定性分析

本实验采用气相色谱-质谱(GC-MS)对反应流出物中的各个组分

进行定性,色谱仪为 Agilent 6890N,质谱仪为 HP73N,分析条件如表 4-2 所示。

表 4-2　GC-MS 分析条件

项目	分析条件
色谱柱	毛细管柱 HP-5 ms(30 m,0.25 mm,0.25 μm)
柱前压	14.5 psi
分流模式	分流,分流比 200∶1
载气	高纯氦气
恒压或恒流模式	恒压
汽化室温度	250 ℃
柱温	初始温度 90 ℃,保持 6 min,然后以 30 ℃/min 升温至 280 ℃,保持 11 min
离子源	电子轰击型离子源(EI)

经分析,由 TCI(上海)化成工业发展有限公司购买的氧化苯乙烯中含有的主要杂质有苯乙烯、苯甲醛、苯乙醛等;氧化苯乙烯在催化剂上发生重排,反应流出物中主要有苯乙醛、苯乙醛的二聚体(2,4-二苯基-2-丁烯醛)、苯乙醛的三聚体(2,4,6-三苄基-s-三氧杂环己烷)、氧化苯乙烯、苯乙烯、苯甲醛、苯乙二醇等。其中苯乙醛的三聚体在 200 ℃就发生分解,很难被 GC-MS 检测到,本章是用傅里叶红外光谱对其进行定性的。

4.2.4.3　定量分析

本实验采用气相色谱(GC,Agilent 6820)对反应流出物的各个组分进行定量分析,分析条件如表 4-3 所示。由于苯乙醛的三聚体在高温下(200 ℃)容易发生分解,所以不能被 GC 检测到,而三聚体在室温下为固体,且在反应产物中的溶解度较低,本章首先对反应产物样品进行过滤、洗涤、干燥,然后对固体进行准确称量,以此来确定三聚体的生成量。氧化苯乙烯的转化率(X)和反应产物 i 的选择性(S_i)分别按式(4-2)、式(4-3)计算。

表 4-3　GC 分析条件

项目	分析条件
色谱柱	毛细管柱 VF-5ms(30 m,0.25 mm,0.25 μm)
进样量	0.2 μL
柱前压	0.1 MPa
分流模式	分流(分流比约为 275:1)
汽化室温度	250 ℃
柱箱温度(程序升温)	初始温度 90 ℃,保持 6 min,然后以 30 ℃/min 升温至 280 ℃,保持 11 min
FID 检测器温度	280 ℃
载气	高纯氮气

$$X = \frac{原料中氧化苯乙烯的量-反应产物中氧化苯乙烯的量}{原料中氧化苯乙烯的量} \times 100\%$$

(4-2)

$$S_i = \frac{生产反应产物 i 所消耗的氧化苯乙烯的量}{原料中氧化苯乙烯的量-反应产物中氧化苯乙烯的量} \times 100\%$$

(4-3)

　　催化剂表面的积碳无法用色谱来定量,但由于积碳量相对于反应流出物的量较少,可以忽略不计,因此认为反应进料与流出物的质量守恒。采用与气相色谱仪相配套的软件 Agilent Cerity QA-QC,对 FID 检测器信号进行收集并处理后,可以得到反应流出物中各个组分的峰面积和峰高。本章采用峰面积归一化法对各个组分进行定量,i 组分的质量分数 W_i 的计算公式如式(4-4)所示。

$$W_i = \frac{f_i A_i}{\sum_i f_i A_i} \times 100\%$$

(4-4)

其中,f_i 为组分 i 的相对质量校正因子;A_i 为组分 i 的色谱峰面积。

　　由于本实验中所涉及的试剂很难得到标准样品,无法直接测定相对质量校正因子,因此本章采用有效碳数法(Effective Carbon Number, ECN)来估算各个组分的相对质量校正因子,其计算公式如式(4-5)所示。

$$f_i = \frac{ECN_s}{ECN_i} \times \frac{M_i}{M_s} \tag{4-5}$$

其中,f_i 为组分 i 的相对质量校正因子;ECN_s 为基准物 s 的有效碳数;ECN_i 为组分 i 的有效碳数;M_s 为基准物的摩尔质量,g/mol;M_i 为组分 i 的摩尔质量,g/mol。

以正庚烷为基准物,根据有效碳数法计算的各个组分的相对质量校正因子如表 4-4 所示。

表 4-4   各组正因子

物质	有效碳数（ECN）	摩尔质量/(g/mol)	相对质量校正因子（f）
正庚烷	7	100.2	1
氧化苯乙烯	7	120.15	1.2
苯乙醛	7	120.15	1.2
二聚体	14.9	222.28	1.04
苯甲醛	6	106.12	1.24
苯乙烯	7.9	104.14	0.92
苯乙二醇	6.65	138.16	1.45

4.3   结果与讨论

4.3.1   催化剂的组成和物理性质

表 4-5 列出了磷改性 HZSM-5 沸石的组成及相关物理性质。经 XRF 测定,磷改性沸石的 P/Al 比与实验设定值接近,说明在等体积浸渍过程中,磷酸被有效地负载到了沸石上。如图 4-3 所示,根据 IUPAC 分类,所有样品的 N_2 吸附-脱附等温线都为典型的 Ⅰ 型吸附等温曲线,说明所有的催化剂样品都为多微孔材料。在较低的相对压力下 ($p/p_0 = 0.05 \sim 0.35$),主要发生了微孔吸附,HZ-25 含有大量的微孔,微孔比表面积和体积分别可达 245.0 m^2/g 和 0.103 cm^3/g,因此 N_2 的

吸附量在较低的相对压力下就迅速增加；而 PZ-0.5、PZ-1.0 在 $p/p_0 =$ 0.05~0.35 的 N$_2$ 吸附量稍有下降，说明它们的微孔比表面积和微孔体积略有下降（表 4-5）；而 PZ-1.5、PZ-2.0 在 $p/p_0 =$ 0.05~0.35 的 N$_2$ 吸附量下降幅度较大，说明它们的微孔比表面积和微孔体积下降较多，如表 4-5 所示，PZ-1.5、PZ-2.0 的微孔比表面积分别下降到了 44.4 m^2/g、20.9 m^2/g，而且它们的微孔体积只有 0.015 cm^3/g、0.006 cm^3/g，这可能是因为随着磷负载量的增加，磷酸发生聚合生成了一些大分子多聚磷化物[7]，它们聚集在催化剂的外表面或孔道入口处，堵塞了催化剂的微孔孔道，使得 N$_2$ 的吸附量明显下降。

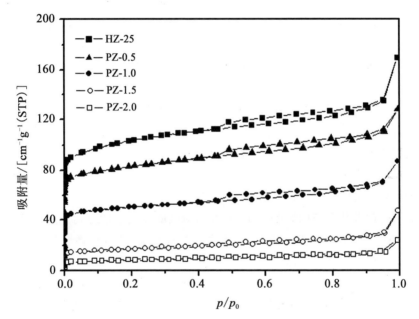

图 4-3　母体及磷改性 HZSM-5 沸石的 N$_2$ 吸附-脱附等温线

表 4-5　母体及磷改性 HZSM-5 沸石的组成及物理性质

催化剂	P/Al/ (mol/mol)	总比表 面积/ (m^2/g)	微孔比 表面积/ (m^2/g)	外比表 面积/ (m$_2$/g)	总孔 体积/ (cm^3/g)	微孔 体积/ (cm^3/g)	孔径 /Å	相对结 晶度 /%
HZSM-5	—	291.6	245.0	46.6	0.145	0.103	4.6	100
PZ-0.5	0.58	256.5	227.0	29.5	0.105	0.093	4.6	80

续表

催化剂	P/Al/ (mol/mol)	总比表面积/ (m^2/g)	微孔比表面积/ (m^2/g)	外比表面积/ (m_2/g)	总孔体积/ (cm^3/g)	微孔体积/ (cm^3/g)	孔径 /Å	相对结晶度/%
PZ-1.0	1.06	225.4	207.7	17.7	0.077	0.066	4.6	70
PZ-1.5	1.55	53.8	44.4	9.4	0.059	0.015	4.6	50
PZ-2.0	2.08	25.9	20.9	5.0	0.031	0.006	4.6	46

在 $p/p_0 > 0.4$ 时，HZ-25 的 N_2 吸附-脱附等温线出现了一个滞后环，脱附等温线在吸附等温线的上方，产生了吸附滞后，这是因为在介孔孔道内发生了毛细管凝聚现象，这部分的 N_2 吸附量随相对压力的变化较为平坦，表明 HZ-25 沸石只含有少量的介孔孔道。随着磷负载量的增加，滞后环逐渐缩小，例如在 PZ-1.5、PZ-2.0 上已经几乎看不到滞后环的存在，说明磷改性沸石上的介孔孔道逐渐减少。从表 4-5 中可以看出，HZ-25 的外比表面积为 $46.6 m^2/g$，而 PZ-0.5 的外比表面积就减小到 $29.5 m^2/g$，较低负载量的磷酸（P/Al＝0.5）就使催化剂的外比表面积减小了 37%，而微孔比表面积只减小了 7%。由此可见，低负载量的磷酸（P/Al ≤ 1.0）优先填充在催化剂的介孔和外表面上，对催化剂微孔孔道的影响较小；只有当磷酸的负载量增加到一定程度时（P/Al＞1.0），磷酸逐渐聚合，并堵塞了微孔孔道，造成了微孔比表面积和微孔体积的明显下降。

母体及磷改性 HZSM-5 沸石的孔径分布如图 4-4 所示。随着磷负载量的增加，微孔体积逐渐减小（表 4-5），孔径分布曲线的强度也随之逐渐减弱。PZ-0.5、PZ-1.0 的最可几孔径与 HZ-25 相同，均为 4.6 Å；而 PZ-1.5、PZ-2.0 的最可几孔径略有增加，为 4.9 Å。这可能是因为较高磷酸负载量（P/Al＞1.0）的沸石在煅烧过程中，一部分骨架铝原子发生了脱除[5]，导致沸石的孔道结构被破坏，孔径分布变宽，最可几孔径稍有增加。

4.3.2 催化剂的物相结构

为了分析磷改性对沸石晶相的影响，本章对母体及磷改性 HZSM-5 沸石进行了 X 射线多晶粉末衍射表征，表征结果如图 4-5 所示。

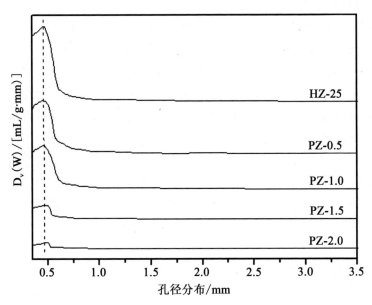

图 4-4　母体及磷改性 HZSM-5 沸石的孔径分布

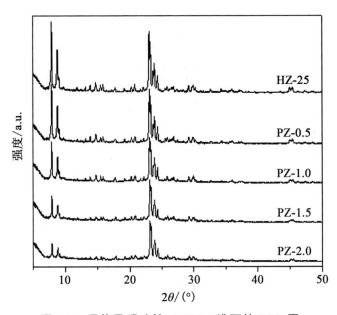

图 4-5　母体及磷改性 HZSM-5 沸石的 XRD 图

母体及磷改性 HZSM-5 沸石的所有衍射峰均为 MFI 骨架结构的特征衍射峰(JCPDS-PDF：00-049-0657)，并没有发现其他相的特征衍射峰，说明磷改性没有改变沸石的晶相结构，也没有引入新的物相。但是，随着磷负载量的增加，衍射峰的强度逐渐下降，本章以 HZ-25 为参比，根据 $2\theta = 22.5 \sim 24.5°$ 的特征衍射峰面积，计算了各个催化剂样品的相对结晶度，结果见表 4-5。催化剂的相对结晶度随着磷含量的增加逐渐降低，例如 PZ-0.5、PZ-1.0、PZ-1.5、PZ-2.0 的相对结晶度分别下降到了 80%、70%、50%、46%，这可能是因为磷改性造成了沸石骨架铝原子发生脱除，特别是磷含量较高时(P/Al>1.0)，部分骨架结构被破坏，使得沸石晶体的长程有序性下降，这可以从下面的 XPS 及 ^{27}Al MAS NMR 的表征结果中得到证实。

4.3.3　催化剂的 XPS 分析

本章利用 X-射线光电子能谱(XPS)，对催化剂样品表面各元素的状态进行了分析。沸石上主要元素(Al、Si、P)的结合能数值均在 200 eV 以下，故本章主要考察了 200 eV 以下的全扫描 XPS 谱图(图 4-6(a))。为了更清晰的分析各元素的状态，本章还单独给出了 Al 2p(图 4-6(b))、Si 2p(图 4-6(c))、P 2p(图 4-6(d))的 XPS 谱图。

从图 4-6(a)上可以看出，在所有的催化剂样品上，硅元素均有 Si 2s、Si 2p 两个结合能峰，结合能大小分别为 158.0 eV、103.0 eV 左右；而铝元素在 74.4 eV 左右只有 Al 2p 一个结合能峰。在磷改性 HZSM-5 沸石上，均发现了 P 2s、P 2p 的结合能峰，分别在 195.3 eV、134.7 eV 左右。

如图 4-6(b)，随着磷负载量的增加，Al 2p 的结合峰强度逐渐增大，说明晶体外表面上铝原子的含量有所增加，这是因为磷改性沸石在煅烧过程中，一部分骨架铝原子发生脱除，迁移并富集到了晶体的外表面上[8,9]。另外，Al 2p 的结合能数值随着磷含量的增加逐渐增大，例如 HZ-25 的 Al 2p 结合能为 74.4 eV，而 PZ-2.0 的 Al 2p 结合能增大到了 75.4 eV。一般来说，原子本身所带的电荷越正，其电子结合能数值往往越大，但是磷改性不足以改变铝原子的价态，而是磷原子与铝原子相互作用，改变了铝原子周围的化学环境，并在煅烧的过程中，一部分骨架铝原子发生了脱除。

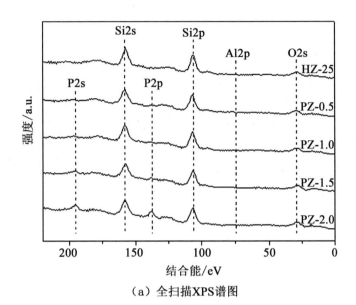

（a）全扫描XPS谱图

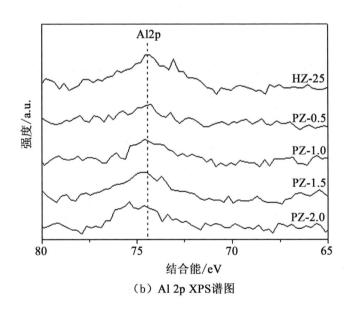

（b）Al 2p XPS谱图

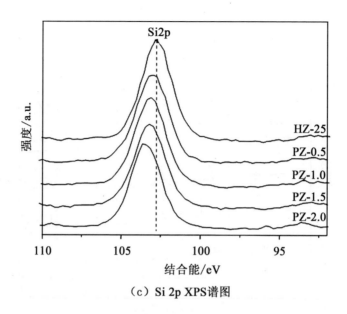

（c）Si 2p XPS谱图

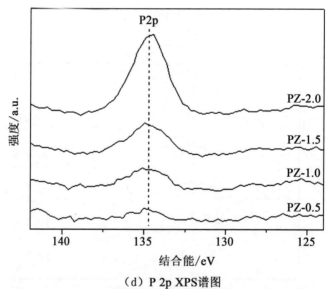

（d）P 2p XPS谱图

图 4-6　母体及磷改性 HZSM-5 沸石中 Al、Si、P 元素的 XPS 谱图

　　有人曾经提出磷原子能够破坏沸石骨架上桥连羟基（Si—OH—Al）的 Al—O 键，通过氧原子直接连接到沸石骨架上，形成如图 4-7 所示结构 A[10,11] 或 B[12]。张东升[13]采用计算化学方法证实，结构 B 的稳定性

大于结构 A,因此形成结构 B 的可性能更大。而 Blasco 等人[14]发现,把磷酸改性沸石在热水中洗涤,能够除去部分磷原子后,使少量的 B 酸位得以恢复,但是上述两种结构(A 或 B)都难以恢复沸石的 B 酸位,因此作者在此提出了一种新的结构模型,他认为磷酸与 B 酸发生质子化作用,形成了 $P(OH)_4^+$,它可以失去一分子水形成 $PO(OH)_2^+$,或聚合形成 $H_5P_2O_7^+$,这些阳离子都可以代替原来的 H^+,保持沸石骨架的电中性。不管在磷改性 HZSM-5 沸石中形成了哪种结构,有一点可以确认,磷原子改变了骨架铝原子的化学环境,使得 Al 2p 的结合能增大。

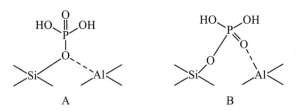

图 4-7　磷改性 HZSM-5 沸石的两种结构模型

　　如图 4-6(c)所示,Si 2p 的结合峰强度基本不发生变化,但是它的结合能数值也随着磷含量的增加逐渐增大,例如 HZ-25 的 Si 2p 结合能大小为 103.0 eV,而 PZ-2.0 的 Si 2p 结合能增大到了 103.8 eV 左右。文献[15]报道,磷能够取代沸石骨架中硅原子的位置,形成 $(SiO)_xAl(PO)_{4-x}$($x=1\sim4$),它们逐渐聚集形成了孤立的磷酸铝相,但是本章的 XRD 谱图(图 4-5)中并没有发现,可能是因为磷酸铝相的晶粒太小,超出了 XRD 的检测范围。值得注意的是,当 $x=3$ 时,上述磷酸硅铝分子正好与结构 A 或 B 相同。总之,磷改性也改变了硅原子周围的化学环境,使 Si 2p 的结合能逐渐增大。

　　Viswanathan 与 Pulikottil[16]用水热合成法制备了磷改性的 ZSM-5 沸石,经 XPS 测定,P 2p 在 130.2 eV 和 135.9 eV 有两个信号峰,130.2 eV 为+3 价的磷元素,存在于沸石骨架中;135.9 eV 为+5 价的磷元素,存在于非骨架中。本章采用等体积浸渍法制备了磷改性的 HZSM-5 沸石,其 P 2p 的 XPS 谱图如图 4-6(d)所示。所有样品均有一个 P 2p 结合能峰,结合能大小为 134.7 eV 左右,与+5 价磷元素的结合能(135.9 eV)接近,且随着磷含量的增加,结合峰的强度逐渐增大;另外,所有催化剂样品上均没有发现 130.2 eV 左右的结合能峰。由此可见,本章制备的磷改性 HZSM-5 沸石,磷元素是以＋5 价的氧化态存在的,且随着负载量的增加,磷原子逐渐在晶体外表面富集。

4.3.4　催化剂的 27Al、29Si、31P MAS NMR 分析

固体核磁(MAS NMR)波谱被广泛应用于分子筛和其他多相催化剂的结构表征,对局部结构和几何性特别敏感,能够提供催化剂的局部结构和排列等重要信息。本章分别利用 ^{27}Al、^{29}Si、^{31}P MAS NMR 对母体及磷改性的 HZSM-5 催化剂进行了表征。

母体及磷改性 HZSM-5 沸石的 ^{27}Al MAS NMR 谱图如图 4-8 所示。从图中可以看出,母体催化剂在 54×10^{-6} 处有一个尖锐的共振峰,属于四面体的骨架铝原子;而在 -0.6×10^{-6} 处有一个较弱的共振峰,为八面体的非骨架铝原子产生的信号峰[17]。经磷酸改性后,^{27}Al MAS NMR 谱图发生了较大的变化,54×10^{-6} 处的共振峰强度明显减弱,-0.6×10^{-6} 处的共振峰消失,并在 -12×10^{-6} 出现了一个新峰共振峰,为非骨架铝原子与磷原子形成的磷酸铝化合物产生的[18];另外,PZ-1.5 和 PZ-2.0 在 34×10^{-6} 处还出现了一个较弱的共振峰,属于扭曲的八面体铝原子,介于骨架与非骨架之间[14]。由上述可知,骨架铝原子在磷的作用下发生了脱除,或原有的部分价键发生了断裂,导致骨架铝原子的化学环境发生了变化,并且形成的非骨架铝原子与磷原子相互作用,形成了磷酸铝化合物。

HZ-25 和 PZ-1.0 的 ^{29}Si MAS NMR 谱图(图 4-9)中主要有两处共振峰,分别在 -113×10^{-6}、-106×10^{-6}。其中,-113×10^{-6} 的共振峰对应的硅物种为 Q^4[Si(OSi)$_4$];-106×10^{-6} 的共振峰对应的硅物种为 Q^3[Si(3Si,1Al)],即一个硅氧四面体连接着三个硅氧四面体和一个铝氧四面体[19]。随着磷的加入,-113×10^{-6} 处的共振峰变化较小,而 -106×10^{-6} 的共振峰明显减弱,这是因为磷改性使得部分骨架铝原子发生了脱除或磷原子插入了沸石骨架,硅氧四面体周围的铝氧四面体减少,改变了 Q^3[Si(3Si,1Al)] 的化学环境[5],此结论与上述 ^{27}Al MAS NMR 所得结论一致。

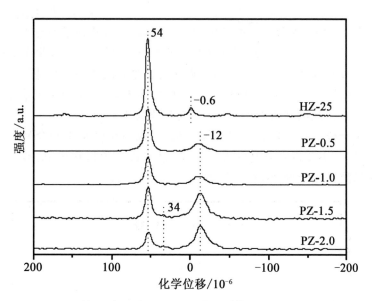

图 4-8　母体及磷改性 HZSM-5 沸石的^{27}Al MAS NMR 谱图

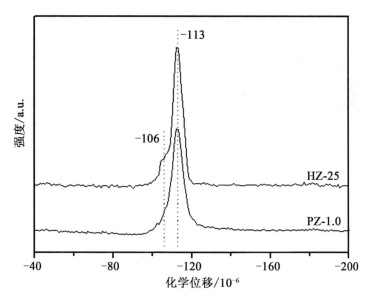

图 4-9　HZ-25 和 PZ-1.0 的^{29}Si MAS NMR 谱图

　　为了分析磷原子的化学环境,本章对 PZ-0.5 和 PZ-1.0 进行了^{31}P MAS NMR 表征,结果如图 4-10 所示。PZ-0.5 和 PZ-1.0 都在 1.4×

10^{-6}、-6×10^{-6}、-14×10^{-6}、-25×10^{-6}、-32×10^{-6} 处有共振峰。其中 1.4×10^{-6} 为过量磷酸产生的共振峰,这部分磷原子不与沸石骨架反应;-6×10^{-6} 归属为焦磷酸和焦磷酸盐中的磷原子,或多聚磷酸盐的顶端基团上的磷原子;-14×10^{-6} 归属为多聚磷酸盐的中间基团上的磷原子;-25×10^{-6} 为连接在铝原子上的多聚磷酸盐产生的共振峰;-32×10^{-6} 处的共振峰为肩峰,对应着磷酸铝化合物[14,15,20]。-25×10^{-6} 和 -32×10^{-6} 处的共振峰强度最大,说明在磷改性 HZSM-5 沸石上,磷原子主要以多聚物的形式存在,且与铝原子相互作用,形成了多聚的磷酸铝化合物 $(SiO)_x Al(OP)_{4-x}$ $(x=1\sim4)$。

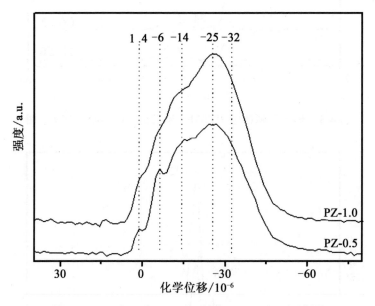

图 4-10　PZ-0.5 和 PZ-1.0 的 ^{31}P MAS NMR 谱图

4.3.5　催化剂的酸性

为了考察磷改性对 HZSM-5 沸石酸性的影响,本章分别利用 NH_3-TPD 和吡啶与 2,4,6-三甲基吡啶吸附红外光谱对磷改性催化剂样品的酸性进行了表征。

4.3.5.1　NH_3-TPD

母体及磷改性 HZSM-5 的 NH_3-TPD 曲线如图 4-11 所示,且不同强度酸性位的浓度如表 4-6 所示。HZ-25 有三个 NH₃ 脱附峰,分别在<200 ℃、<257 ℃和 438 ℃,<200 ℃的脱附峰为物理吸附的 NH₃,257 ℃、438 ℃的脱附峰分别对应着沸石的弱酸位和强酸位,强酸位主要是沸石骨架中的桥连羟基(Si—OH—Al)[21,22]。

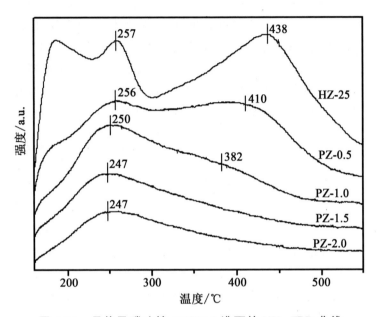

图 4-11　母体及磷改性 HZSM-5 沸石的 NH₃-TPD 曲线

表 4-6　母体及磷改性 HZSM-5 沸石的酸性

Sample	弱酸位 /(mmol/g)	强酸位 /(mmol/g)	酸性位比例		
			B 酸	L 酸	外表面酸位
HZ-25	0.169	0.606	100%	100%	100%
PZ-0.5	0.245	0.432	58%	—	26%
PZ-1.0	0.293	0.147	45%	—	17%
PZ-1.5	0.283	—	14%	—	trace
PZ-2.0	0.203	—	—	—	trace

随着磷的引入,强酸位的高温峰逐渐向低温迁移,且峰强度逐渐减弱,说明强酸位的强度和浓度都随着磷含量的增加而逐渐减小。例

如，PZ-0.5 和 PZ-1.0 的高温峰分别降至 410 ℃ 和 382 ℃，它们强酸位的浓度分别降至 0.432 mmol/g 和 0.147 mmol/g；而 PZ-1.5 和 PZ-2.0 的强酸位几乎完全消失，NH$_3$-TPD 曲线上都只有弱酸位的脱附峰。根据 XPS 及 ^{27}Al MAS NMR 可知，磷改性沸石在煅烧过程中，骨架铝原子发生了脱除或桥连羟基被破坏，所以强酸位的强度和浓度都减小了。

另外，从图 4-11 中还可以看出，随着磷负载量的增加，弱酸位的脱附峰温度也向低温迁移，说明弱酸位的强度稍有下降。但是弱酸位的浓度随着磷含量的增加先增大后减小（见表 4-6），这说明适量的磷（P/Al ≤ 1.0）能够产生一些新的弱酸位，而过量的磷（P＞1.0）发生聚合，生成大量的多聚磷酸盐（见 ^{31}P MAS NMR），反而降低了弱酸位的浓度。

4.3.5.2　吡啶及 2,4,6-三甲基吡啶吸附的红外光谱

母体及磷改性 HZSM-5 沸石的吡啶吸附红外光谱如图 4-12 所示，1 545 cm^{-1} 和 1 445 cm^{-1} 分别为吡啶分子吸附在 B 酸位（PyH$^+$）和 L 酸位（PyL）产生的红外特征吸收峰[23]。HZ-25 在 1 545 cm^{-1} 和 1 445 cm^{-1} 处都有明显的吸收峰，说明 HZ-25 同时具有 B 酸位和 L 酸位。磷改性 HZSM-5 沸石样品在 1 545 cm^{-1} 处都有明显的吸收峰，而在 1 445 cm^{-1} 处的吸收峰消失，说明磷改性沸石上只有 B 酸位，没有明显的 L 酸位。文献[24,25]报道，沸石的 L 酸位主要来自非骨架铝原子，而经 ^{27}Al MAS NMR 证实，磷原子与非骨架铝原子相互作用，形成了磷酸铝化合物，所以磷改性钝化了 HZSM-5 沸石表面的 L 酸位。

本章根据各个红外特征吸收峰的面积，以 HZ-25 为参比，计算了催化剂上剩余酸性位的百分含量，如表 4-6 所示。从中可以看出，B 酸位的浓度随着磷负载量的增加逐渐降低，PZ-2.0 上的 B 酸位几乎完全消失，这与 NH$_3$-TPD 的测定结果一致。根据 XPS 及 ^{27}Al MAS NMR 的表征结果，B 酸位的减少是由于磷改性 HZSM-5 沸石在煅烧过程中，骨架铝原子发生了脱除或桥连羟基被破坏造成的。

沸石外表面的酸性位没有空间和扩散限制，可以快速与反应物接触，很容易生成一些大分子的聚合物，覆盖在催化剂表面，并逐渐转化为积碳，导致催化剂的选择性和稳定性下降[26]。因此，本章利用 2,4,6-三甲基吡啶吸附红外光谱测定了母体及磷改性 HZSM-5 沸石外表面上的酸性位，结果如图 4-13 所示。

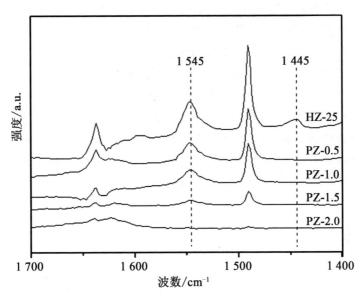

图 4-12　母体及磷改性 HZSM-5 沸石的吡啶吸附红外光谱

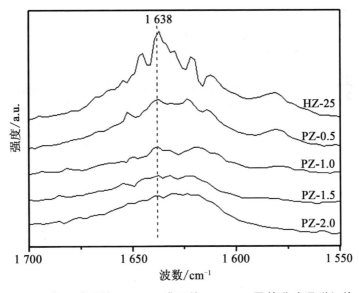

图 4-13　母体及磷改性 HZSM-5 沸石的 2,4,6-三甲基吡啶吸附红外光谱

　　像 2,4,6-三甲基吡啶、2,4-二甲基喹啉、2,6-二甲基喹啉这些大分子的碱性试剂,由于位阻效应,它们与 L 酸位的吸附作用较弱,通常不

能呈现出 L 酸的红外特征吸收峰[27]。但是由上述吡啶吸附的红外光谱（图 4-12）可知，母体及磷改性 HZSM-5 沸石上都以 B 酸位为主，L 酸位可以忽略不计，因此外表面上的 B 酸位即可代表外表面上的总酸位。如图 4-13 所示，1 638 cm^{-1} 即为 2,4,6-三甲基吡啶吸附在沸石外表面 B 酸位上产生的红外特征吸收峰[28,29]，吸收峰的强度随着磷的引入明显减小，说明外表面 B 酸位的浓度明显下降。本章计算了 1 638 cm^{-1} 处特征吸收峰的面积，以此来定量外表面的酸性位，结果如表 4-6 所示，少量的磷（PZ-0.5）就使得外表面的酸量减少了 74%，而负载更多的磷（PZ-1.5 和 PZ-2.0）则完全钝化了外表面上的酸性位。

4.3.6　磷改性 HZSM-5 沸石的活性评价

酸性位是催化氧化苯乙烯重排制备苯乙醛反应的活性中心，本节主要考察了磷改性 HZSM-5 沸石的酸性对重排反应的影响，并对失活催化剂表面的积碳进行了分析。

4.3.6.1　酸性对重排反应的影响

母体及磷改性 HZSM-5 沸石催化氧化苯乙烯的转化率随反应时间的变化如图 4-14 所示。在所有催化剂样品上，氧化苯乙烯的初转化率（TOS=1.0 h）都大于 99%，基本不受磷改性的影响。然而，催化剂的稳定性受磷改性的影响较大，为了量化催化剂的稳定性，本章把氧化苯乙烯的初转化率下降 2%时（如图 4-14 中虚线所示）连续反应的时间定义为催化剂的寿命。

从图 4-14 中可以得到，当 P/Al ≤ 1 时，催化剂的寿命随着磷负载量的增加而逐渐延长：HZ-25(12.5 h)＜PZ-0.5(19.8 h)＜PZ-1.0(22.0 h)；而当磷含量增加到 P/Al＞1.0 时，催化剂的寿命又随着磷负载量的增加而逐渐缩短：HZ-25(12.5 h)＞PZ-1.5(11.4 h)＞PZ-2.0(5.3 h)。由第三章可知，氧化苯乙烯的重排反应主要发生在 HZSM-5 沸石的强酸位上，催化剂的寿命同时受酸强度和酸浓度的影响。强酸位更容易诱发苯乙醛的羟醛缩合或聚合等副反应，生成大量的聚合物，沉积在催化剂表面并逐渐转化为积碳，导致催化剂快速失活[30,31]；而对于相同强度的酸性位来说，只有当酸性位因积碳而失活到一定程度时，氧化苯乙烯的转化率才开始下降,因此催化剂的寿命会随着酸浓度的增加而逐渐延长,反之亦然。经 NH_3-TPD 测定,磷改性能够降低沸石上强酸位的酸强度,例如 HZ-25 上强酸位的 NH_3 脱附峰在 438 ℃左右,而 PZ-0.5 和 PZ-1.0 上强酸位的 NH_3 脱附峰分别降至 410 和 382 ℃,尽管强酸位的浓度也逐渐降低(见表 4-6),但此时催化剂的寿命受酸强度的影响较大,所以催化剂的寿命会随着磷负载量的增加(即酸强度降低)而逐渐延长:PZ-1.0＞PZ-0.5＞HZ-25。但是,当 P/Al＞1.0 时,即 PZ-1.5 和 PZ-2.0,它们的强酸位几乎完全消失,NH_3-TPD 曲线上只有弱酸位的 NH_3 脱附峰,而氧化苯乙烯的重排反应主要发生在 HZSM-5 沸石的强酸位上,所以 PZ-1.5 和 PZ-2.0 的寿命远远低于 PZ-1.5 和 PZ-2.0。另外,当磷的负载量增加到一定程度时(P/Al＞1.0),磷酸发生聚合生成了大量的多聚磷化物,它们聚集在催化剂的外表面或孔口处,在重排反应过程中,少量的积碳就可以完全堵塞微孔孔道,使反应物分子无法与活性位接触,从而加速了催化剂的失活,例如 PZ-2.0(5.3 h)的寿命远小于 PZ-1.5(11.4 h)。

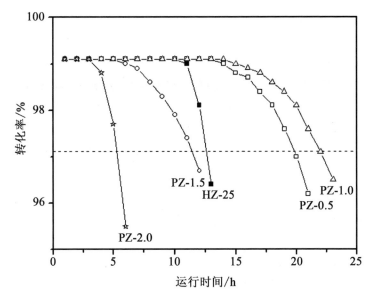

图 4-14 母体及磷改性 HZSM-5 沸石催化氧化苯乙烯的转化率随时间的变化

如式(4-6)所示,在氧化苯乙烯重排制备苯乙醛的反应中,磷改性 HZSM-5 沸石催化反应生成的主要副产物也是苯乙醛的二聚体(2,4-二苯基-2-丁烯醛)和三聚体(2,4,6-三苄基-s-三氧杂环己烷,mp 155~156 ℃),二聚体是苯乙醛通过羟醛缩合生成的,三聚体则是苯乙醛在酸性位上发生三聚反应生成的[32]。其他副产物,如苯乙烯、苯甲醛、苯乙二醇等,也能够被 GC-MS 检测到,只是这些副产物的含量较少,总选择性还不到1%。

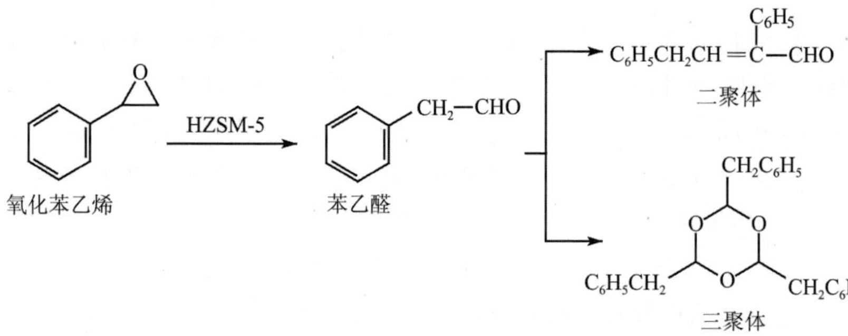

苯乙醛、苯乙醛的二聚体和三聚体在母体及磷改性 HZSM-5 沸石上的选择性如图 4-15 所示。由于苯乙醛在 HZ-25 上发生了三聚反应,生成了大量的三聚体,使得苯乙醛的初选择性(TOS=1.0 h)只有56%左右,但是连续反应11 h后,反应产物中的三聚体消失,同时苯乙醛的选择性增大到96%以上,且不随反应转化率的下降而发生变化。随着磷的引入,苯乙醛的初选择性(TOS=1.0 h)逐渐增大,这是因为苯乙醛的三聚反应受到了抑制,例如,在 PZ-0.5 和 PZ-1.0 上连续反应6.0 h和4.0 h后,三聚体的选择性分别从10%和6%下降到0;而在 PZ-1.5 和 PZ-2.0 上没有三聚体的生成,苯乙醛的选择性始终保持在96%以上。经2,4,6-三甲基吡啶的红外吸附光谱测定,外表面酸性位的量随着磷含量的增加明显减少,少量的磷(PZ-0.5)就使得外表面的酸量减少了74%,而负载更多的磷(PZ-1.5 和 PZ-2.0)则能完全钝化外表面上的酸性位。通过对比可知,苯乙醛的三聚反应主要发生在催化剂外表面的酸性位上,此结论与在不同硅铝比 HZSM-5 沸石上所得结论一致。外表面的酸性位不受空间和扩散限制,往往比沸石孔道内的酸性位优先失活[26],因此苯乙醛的三聚反应只发生在重排反应的初期阶段,且随着反应的进行,三聚体的选择性逐渐降低。而 PZ-1.5 和 PZ-2.0 外表面上的酸性位较少,不足以催化苯乙醛发生三聚反应。

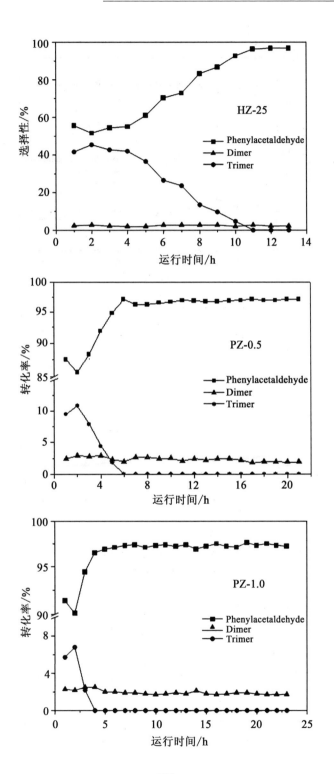

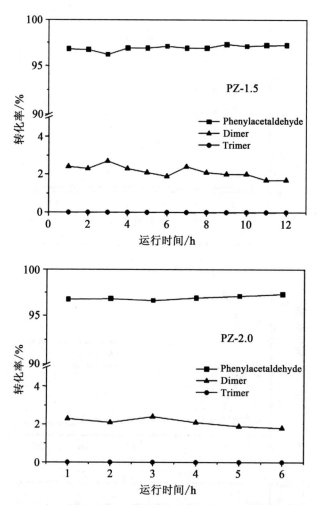

图 4-15　母体及磷改性 HZSM-5 沸石催化重排反应
生成主要产物的选择性随时间的变化

在所有的催化剂样品上,二聚体的选择性始终保持在 1%～3%
(图 4-15),说明苯乙醛的羟醛缩合反应对催化剂酸性的变化不敏感,这
可能是一个由热力学控制的自发反应过程。

综上所述,氧化苯乙烯的重排反应主要发生在催化剂的强酸位上,
强酸位的强度和浓度都影响着催化剂的寿命。当 P/Al≤1.0 时,磷改
性降低了 HZSM-5 沸石上强酸位的酸强度,从而提高了催化剂的寿命;
当 P/Al>1.0 时,强酸位几乎完全消失,且随着磷含量的增加,磷酸发

生聚合,在催化剂的外表面或孔口处生成了一些大分子的多聚磷化物,阻碍了反应物与活性位接触,这些因素都加快了催化剂的失活。另外,磷改性还钝化了催化剂外表面上的酸性位,从而抑制了苯乙醛的三聚反应,提高了苯乙醛的选择性。

4.3.6.2　积碳分析

在氧化苯乙烯重排制备苯乙醛的反应过程中,积碳是造成催化剂失活的主要原因[33,34],因此本章利用热重(TG)对使用过的催化剂表面的积碳进行了分析,母体及磷改性 HZSM-5 沸石的 TG 曲线如图 4-16 所示。

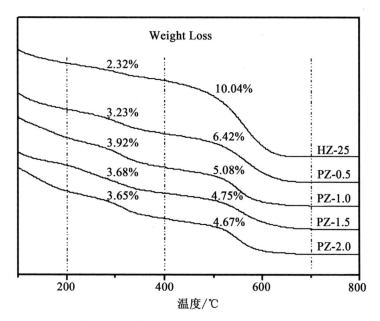

图 4-16　母体及磷改性 HZSM-5 沸石的 TG 曲线(连续反应 6 h)

所有催化剂样品的 TG 曲线均有三个失重段,分别在<200 ℃、200~400 ℃ 和 400~700 ℃,<200 ℃ 的失重段是催化剂失去表面水分和易挥发物料造成的,而 200~400 ℃、400~700 ℃ 的失重段是催化剂表面的积碳在高温下发生氧化或分解造成的。

200~400 ℃ 脱除的积碳通常称为软积碳,在相对较低的温度下即可除去。随着磷含量的增加,软积碳量先增加后减少,其中 PZ-1.0 上的软积碳量最多,可达 3.92％。由表 4-6 可知,磷改性 HZSM-5 沸石的弱酸位浓度也随着磷含量的增加先增加后减少,PZ-1.0 含有的弱酸位最多,为 0.293 mmol/g。通过对比可知,这部分软积碳可能沉积在催化剂的弱酸位上,弱酸位越多,反应过程中形成的软积碳量越大。在本章中,PZ-1.0 上形成的软积碳量最大,但是它的寿命却是最长的(22.0 h),可见软积碳对催化剂稳定性的影响较小。

400～700 ℃脱除的积碳通常称为硬积碳,往往是一些聚合度较高的化合物或石墨,需要在较高的温度下才能发生氧化或分解。从图 4-16 中可以看出,随着磷负载量的增加,硬积碳量逐渐减少,这与磷改性 HZSM-5 沸石上强酸位的强度和浓度的变化趋势相同,如图 4-11 所示,磷改性既能够降低强酸位的强度,还能够减少强酸位的浓度。由此可知,这部分硬积碳主要是在强酸位上形成的,它们阻碍了反应物分子与强酸位的接触,大大降低了催化剂的活性。

综上可知,磷改性(P/Al≤1.0)能够降低 HZSM-5 沸石上强酸位的强度和浓度,在一定程度上抑制了硬积碳的形成,明显提高了催化剂的稳定性。

4.4 结　论

本章用等体积浸渍法制备了一系列磷改性的 HZSM-5 沸石($SiO_2/Al_2O_3 = 25$,P/Al＝0.5、1.0、1.5、2.0),采用 XRF、N_2 吸附-脱附、XRD、XPS、^{27}Al MAS NMR、^{29}Si MAS NMR、^{31}P MAS NMR、NH_3-TPD、吡啶及 2,4,6-三甲基吡啶吸附的红外光谱对催化剂的物理性质和酸性进行了表征,并考察了它们在氧化苯乙烯重排制备苯乙醛反应中的催化性能。结果显示:

(1)在磷改性的 HZSM-5 沸石上,磷原子通过氧原子连接到沸石骨架上,改变了骨架铝原子的化学环境,并在煅烧过程中造成一部分骨架铝原子发生脱除,导致沸石上强酸位的强度和浓度下降,同时还产生了一部分新的弱酸位。

(2)尽管所有磷改性 HZSM-5 沸石催化氧化苯乙烯的初转化率都大于 99％,但是催化剂的稳定性受磷改性的影响较大。当 P/Al ≤ 1.0

时,因为磷改性使得 HZSM-5 沸石上强酸位的强度和浓度降低,催化剂表面的积碳速率随之降低,催化剂的寿命提高了近一倍;当 P/Al>1.0 时,强酸位几乎完全消失,此外磷酸发生聚合,在催化剂的外表面或孔口处生成了一些大分子的多聚磷化物,阻碍了反应物分子与活性位的接触,这些因素都加快了催化剂的失活。

（3）本反应的主要副产物为苯乙醛的二聚体(2,4-二苯基-2-丁烯醛)和三聚体(2,4,6-三苄基-s-三氧杂环己烷),二聚体是苯乙醛通过羟醛缩合反应生成的,基本不受催化剂酸性的影响;三聚体则是苯乙醛在催化剂外表面的酸性位上发生三聚反应生成的,磷改性能够钝化催化剂外表面上的酸性位,从而抑制了苯乙醛的三聚反应,明显提高了苯乙醛的选择性。

（4）失活催化剂表面主要含有两种类型的积碳,软积碳(200～400 ℃)和硬积碳(400～700 ℃),软积碳主要是在催化剂的弱酸位上形成的,对催化剂稳定性的影响较小;硬积碳主要是在强酸位上形成的,磷改性HZSM-5 沸石(P/Al ≤ 1.0)上强酸位的强度和浓度减小,在一定程度上抑制了硬积碳的形成,因而具有较高的稳定性。

参考文献

[1] J.A.Lercher,G.Rumplmayr.Controlled decrease of acid strength by orthophosphoric acid on ZSM5[J].Applied Catalysis A:General,1986,25:215-222.

[2] G.Lischke,R.Eckelt,H.G.et al.Spectroscopic and physicochemical characterization of P-modified H-ZSM-5[J].Journal of Catalysis,1991,132:229-243.

[3] G.Caeiro,P.Magnoux,J.M.Lopes,et al.Stabilization effect of phosphorus on steamed H-MFI zeolites[J].Appl.Catal.A:Gen.,2006,314:160-171.

[4] Z.Song,A.Takahashi,I.Nakamura,et al.Phosphorus-modified ZSM-5 for conversion of ethanol to propylene[J].Applied Catalysis A:General,2010,384:201-205.

[5] G.Zhao,J.Teng,Z.Xie,et al.Effect of phosphorus on HZSM-5 catalyst for C4-olefin cracking reactions to produce propylene,Journal of Catalysis,2007,248:29-37.

[6] D.Zhang,R.Wang,X.Yang.Effect of P content on the catalytic performance of P-modified HZSM-5 catalysts in dehydration of ethanol to ethylene[J].Catalysis Letters,2008,124:384-391.

[7] K. Damodaran, J. W. Wiench, S. M. Cabral de Menezes, et al. Modification of H-ZSM-5 zeolites with phosphorus. 2. Interaction between phosphorus and aluminum studied by solid-state NMR spectroscopy[J]. Microporous Mesoporous Mater., 2006, 95:296-305.

[8] J. Datka, S. Marschmeyer, T. Neubauer, et al. Physicochemical and catalytic properties of HZSM-5 zeolites dealuminated by the treatment with steam[J]. The Journal of Physical Chemistry, 1996, 100:14451-14456.

[9] J. Caro, M. Bülow, M. Derewinski, et al. NMR and IR studies of zeolite H-ZSM-5 modified with orthophosphoric acid[J]. Journal of Catalysis, 1990, 124:367-375.

[10] W. W. Kaeding, S. A. Butter. Production of chemicals from methanol: I. low molecular weight olefins[J]. Journal of Catalysis, 1980, 61:155-164.

[11] J. C. Védrine, A. Auroux, P. Dejaifve, et al. Catalytic and physical properties of phosphorus-modified ZSM-5 zeolite[J]. Journal of Catalysis, 1982, 73:147-160.

[12] H. Vinek, G. Rumplmayr, J. A. Lercher. Catalytic properties of postsynthesis phosphorus-modified H-ZSM5 zeolites [J]. Journal of Catalysis, 1989, 115:291-300.

[13] 张东升. P 改性 HZSM-5 分子筛上乙醇脱水制乙烯反应的催化性能研究[D]. 天津:天津大学, 2009.

[14] T. Blasco, A. Corma, J. Martínez-Triguero. Hydrothermal stabilization of ZSM-5 catalytic-cracking additives by phosphorus addition [J]. J. Catal., 2006, 237:267-277.

[15] J. Zhuang, D. Ma, G. Yang, et al. Solid-state MAS NMR studies on the hydrothermal stability of the zeolite catalysts for residual oil selective catalytic cracking[J]. Journal of Catalysis, 2004, 228:234-242.

[16] B. Viswanathan, A. Pulikottil. Surface properties of ZSM-5 modified by phosphorus[J]. Catalysis Letters, 1993, 22:373-379.

[17] N. Xue, R. Olindo, J. A. Lercher. Impact of forming and modification with phosphoric acid on the acid sites of HZSM-5[J]. Journal of Physical Chemistry C, 2010, 114:15763-15770.

[18] D. Liu, W. C. Choi, C. W. Lee, et al. Steaming and washing effect of P/HZSM-5 in catalytic cracking of naphtha[J]. Catalysis Today, 2011, 164:154-157.

[19] P. Tynjälä, T. T. Pakkanen. Modification of ZSM-5 zeolite with trimethyl phosphite part 1. Structure and acidity[J]. Microporous and Mesoporous Materials, 1998, 20:363-369.

[20] M. Göhlich, W. Reschetilowski, S. Paasch. Spectroscopic study of phosphorus modified H-ZSM-5[J]. Microporous Mesoporous Mater., 2011, 142:178-183.

［21］L.Tao,L.Chen,S.F.Yin,et al.Catalytic conversion of CH₃Br to aromatics over PbO-modified HZSM-5［J］.Appl.Catal.A:Gen.,2009,367:99-107.

［22］P.L.Tan,Y.L.Leung,S.Y.Lai,et al.The effect of calcination temperature on the catalytic performance of 2 wt.％ Mo/HZSM-5 in methane aromatization［J］. Appl.Catal.A,2002,228:115-125.

［23］R.J.Kalbasi,M.Ghiaci,A.R.Massah.Highly selective vapor phase nitration of toluene to 4-nitro toluene using modified and unmodified H₃PO₄/ZSM-5［J］. Appl.Catal.A,2009,353:1-8.

［24］J.L.Motz,H.Heinichen,W.F.Hölderich.Direct hydroxylation of aromatics to their corresponding phenols catalysed by H-［Al］ZSM-5 zeolite［J］.J.Mol.Catal. A:Chem,1998,136:175-184.

［25］J.A.van-Bokhoven,M.Tromp,D.C.Koningsberger,et al.An explanation for the enhanced activity for light alkane conversion in mildly steam dealuminated mordenite:The dominant role of adsorption［J］.J.Catal.,2001,202:129-140.

［26］W.Ding,G.D.Meitzner,E.Iglesia.The effects of silanation of external acid sites on the structure and catalytic behavior of Mo/H-ZSM5［J］.J.Catal.,2002,206: 14-22.

［27］S.Inagaki,K.Kamino,E.Kikuchi,et al.Shape selectivity of MWW-type alumino-silicate zeolites in the alkylation of toluene with methanol［J］.Appl.Catal.A, 2007,318:22-27.

［28］F.Thibault-Starzyk,A.Vimont,J.P.Gilson.2D-COS IR study of coking in xylene isomerisation on H-MFI zeolite［J］.Catalysis Today,2001,70:227-241.

［29］M.S.Holm,S.Svelle,F.Joensen,et al.Assessing the acid properties of desilicated ZSM-5 by FTIR using CO and 2,4,6-trimethylpyridine (collidine) as molecular probes［J］.Appl.Catal.A:Gen.,2009,356:23-30.

［30］I.Salla,O.Bergada,P.Salagre,et al.Isomerisation of styrene oxide to phenylacet-aldehyde by fluorinated mordenites using microwaves［J］.J.Catal.,2005,232: 239-245.

［31］M.D.González,Y.Cesteros,P.Salagre,et al.Effect of microwaves in the dealu-mination of mordenite on its surface and acidic properties［J］.Microporous Me-soporous Mater.,2009,118:341-347.

［32］J.L.E.Brickson,G.N.Grammer.The spontaneous polymerization of phenylacet-aldehyde［J］.J.Am.Chem.Soc.,1958,80:5466-5469.

［33］W.F.Hölderich,U.Barsnick.Rearrangement of epoxides,in:R.A.Sheldon,H.van Bekkum (Eds.) Fine chemicals through heterogeneous catalysis［J］.Wiley-VCH,Weinheim,2001:217-231.

[34] V. V. Costa, K. A. da Silva Rocha, I. V. Kozhevnikov, et al. Isomerization of styrene oxide to phenylacetaldehyde over supported phosphotungstic heteropoly acid [J]. Appl. Catal. A: Gen., 2010, 383: 217-220.

第 5 章　碱处理 HZSM-5 沸石的催化性能

5.1　引　言

在氧化苯乙烯重排制备苯乙醛的反应中,醛类产物很容易发生羟醛缩合或聚合等副反应,生成的聚合物沉积在催化剂表面,并逐渐转化为积碳,造成催化剂快速失活,难以为工业应用[1]。为了提高催化剂的稳定性,人们常常使用大量的溶剂对反应物料进行稀释[2],以此来降低醛类产物发生羟醛缩合或聚合的速率,但是大量的溶剂会给后续产品的分离、提纯带来了较大的困难和能耗,提高了生产成本。文献[3,4]报道,氧化苯乙烯还可以在气相条件下发生重排反应,以惰性气体(如 N_2、He 等)为载气,通过调节载气的流速来控制物料在催化剂床层的停留时间,在保证反应转化率的前提下,尽量增大载气流速,使反应产物尽快脱离催化剂,从而减小了副反应发生的概率,可以直接得到纯度较高的醛类产物,省去了后续分离任务,而且载气还可以循环使用,大大降低了生产成本。据报道[5,6],在氧化苯乙烯的气相重排反应中,反应物料在催化剂床层的停留时间应在 $3\sim5$ s,否则苯乙醛会在催化剂表面生成大量的聚合物,导致催化剂快速失活,这还可以从第三章中得到证实。

在沸石中引入介孔孔道(即多级孔道沸石,Hierarchical zeolites),既可以加快反应物分子在孔道内的扩散速率,提高催化剂的活性;又能使产物分子尽快脱离活性位,减小副反应发生的概率,提高反应的选择性和催化剂的稳定[7,8]。但是至今为止,还没有人对多级孔道沸石在氧化苯乙烯重排制备苯乙醛反应中的催化性能进行过详细报道。

Groen 等人[9]发现,碱处理是一种操作简单、普遍、高效的制备多级孔道沸石的方法,在 338 K 下,把 HZSM-5 沸石(Si/Al＝$25\sim50$)在

0.2 mol/L NaOH 溶液中处理 30 min,骨架硅原子选择性地发生了脱除,并产生了 10 nm 左右的介孔孔道,介孔比表面积可达 235 m²/g,而沸石的微孔结构和酸性几乎没有发生变化。因此,本章采用碱处理方法,在 HZ-135 沸石上引入了一定的介孔孔道(具体步骤见实验部分),并考察了介孔孔道对氧化苯乙烯重排制备苯乙醛反应的影响。

5.2 实验部分

5.2.1 原料与试剂

催化剂制备及其活性评价过程中用到的主要原料和试剂如表 5-1 所示。

表 5-1 试剂及原材料

试剂名称	纯度或规格	生产厂家或经销商
氧化苯乙烯	≥98.0%	TCI(上海)化成工业发展有限公司
ZSM-5	$SiO_2/Al_2O_3=25\sim360$	南开大学催化剂厂
氢氧化钠	≥96.0%	天津市光复科技发展有限公司
硝酸铵	≥99.0%	天津石英钟厂霸州市化工分厂
吡啶	≥99.5%	天津市光复科技发展有限公司
2,4,6-三甲基吡啶	≥98.0%	TCI(上海)化成工业发展有限公司
1,2-二氯乙烷	≥99.0%	天津市光复科技发展有限公司
普通氮气	≥99.99%	天津市六方气体有限公司
高纯氮气	≥99.999%	天津市六方气体有限公司
普通空气	≥99.99%	天津市六方气体有限公司
普通氢气	≥99.99%	天津市六方气体有限公司
普通氮气	≥99.99%	天津市六方气体有限公司

5.2.2　催化剂的制备

本章采用碱处理方法在 HZSM-5 沸石($SiO_2/Al_2O_3 = 135$)中引入介孔孔道,制备了多级孔道沸石,具体步骤如下:

(1)配制 100 ml 0.2 mol/L 的 NaOH 溶液,并加热到 65 ℃。

(2)取 5 g 的 HZ-135,加入上述溶液中,并不断搅拌。

(3)在碱溶液中分别处理 30 min、60 min、120 min 后,立即置于冰水浴中冷却,然后过滤、洗涤,直至滤液呈中性。

(4)将碱处理后的沸石加入 100 ml 1.0 mol/L 的 NH_4NO_3 溶液中,在室温下放置 24 h,充分进行 NH^+ 交换。

(5)过滤、洗涤,然后分别在 110 ℃下干燥 4 h 和 500 ℃下煅烧 5 h,即可得碱处理 HZSM-5 沸石催化剂。

上述碱处理催化剂分别标记为 HZ-at-t,t 为在碱溶液中的处理时间。

5.2.3　催化剂的表征

5.2.3.1　N₂ 吸附-脱附

N_2 吸附-脱附是在 Quantachrome Autosorb-1 型吸附仪上测定的。首先将催化剂样品进行抽真空(10^{-2} Pa)处理,并在 300 ℃下处理 6 h;然后在 77 K 的液氮中进行 N_2 的吸附-脱附测定。催化剂的总比表面积是通过多点 BET 方法计算得来的,总孔体积是通过脱附支的 BJH 方法计算得来的,微孔比表面积、外比表面积和微孔体积是根据 t 方法得来的,微孔与介孔的孔径分布分别是由 H-K 和 BJH 方法得来的。

5.2.3.2　X 射线荧光(XRF)

XRF 是在 Bruker S4 Pioneer X 射线荧光光谱仪上测定的,用来对催化剂的组成进行分析。X 射线发射源为陶瓷铑靶光管,管电压为 40 kV,双检测器。

5.2.3.3 X射线多晶粉末衍射(XRD)

碱处理催化剂的物相结构是在 Rigaku D/max 2500V/PC 型 X 射线衍射仪上测定的,靶材料为 Cu Kα 发射源($\lambda = 0.154\ 1$ nm),扫描范围 $2\theta = 5° \sim 50°$,扫描步长 $0.02°$,扫描速度 5 °/min,采用连续扫描方式,管电压和管电流分别为 40 kV 和 40 mA。

催化剂样品的相对结晶度是根据 $2\theta = 22.5° \sim 24.5°$ 的峰面积来计算的,计算公式如式(5-1)所示。

$$Y_x = \frac{A_x}{A_r} \times 100\% \tag{5-1}$$

其中,Y_x 为相对结晶度,A_x 为待测样品的 XRD 谱图中 $2\theta = 22.5° \sim 24.5°$ 的峰面积,A_r 为参比样品的 XRD 谱图中 $2\theta = 22.5° \sim 24.5°$ 的峰面积。

5.2.3.4 场发射扫描电镜(SEM)

本章利用 SEM 对催化剂样品的表面形貌进行了分析。SEM 是在日本日立公司生产的 S-4800 型场发射扫面电子显微镜上测定的。首先,将样品在乙醇中超声分散 10 min,随后放入红外灯下干燥处理;将样品放入离子溅射仪中,抽真空喷金处理后,放入样品池进行测定,加速电压为 20 kV。

5.2.3.5 场发射透射电镜(TEM)

本章利用 TEM 对催化剂的晶体界面和结构进行了分析。TEM 是在日本电子公司生产的 JEM-2100F 型场发射透射电子显微镜上获得的,操作电压为 200 kV。把样品悬浮在乙醇中,并分散在碳包裹的铜网上,通过 CCD 拍照记录。

5.2.3.6 NH₃ 程序升温脱附(NH₃-TPD)

催化剂的酸强度和酸量是在本实验室自行组装的 NH_3 程序升温脱附仪(流程如图 5-1 所示)上测定的,测定步骤如下:

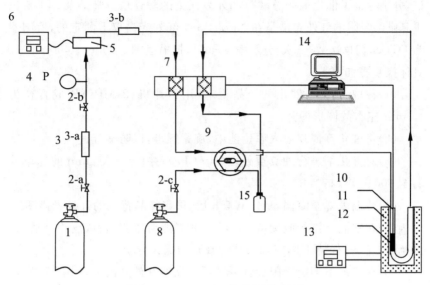

图 5-1 NH₃-TPD 的装置流程图

1. 氮气钢瓶;2. 稳流阀;3. 过滤器;4. 压力表;5. 质量流量计;6. 质量流量计控制仪;7. 热导检测器;8. 氨气钢瓶;9. 六通阀;10. U 型石英管;11. 加热炉;12. 催化剂样品;13. 温度控制仪;14. 数据采集系统;15. NH₃吸收瓶

(1)称取 0.1 g 20～30 目的催化剂样品颗粒,装填进 U 型石英管中,并检查整个装置的密封性。

(2)通入 N_2(50 mL/min),并加热到 500 ℃进行预处理 2 h。

(3)预处理完毕后,降至室温,经六通阀间歇地通入 NH_3,直至样品吸附饱和。

(4)将样品加热到 150 ℃,并保持 1 h,以脱除物理吸附的 NH_3。

(5)以 15 ℃/min 的速率升温到 500 ℃,用热导检测器检测脱附的 NH_3,在线采集数据并记录。

(6)用硼酸溶液吸收在 150～500 ℃内脱附的 NH_3,并用标准 H_2SO_4 溶液(0.005 mol/L)对其进行滴定,以确定化学脱附的 NH_3 量。假定每个 NH_3 分子代表一个酸性位,根据各个脱附峰的面积,以此来计算不同强度酸性位的浓度。

5.2.3.7 吡啶及 2,4,6-三甲基吡啶吸附的红外光谱

本章以吡啶和 2,4,6-三甲基吡啶为探针分子,结合傅里叶红外光

谱,分别考察了催化剂的总酸位和外表面上的酸性位。吡啶及 2,4,6-三甲基吡啶吸附的红外光谱是在 Nicolet 380 红外光谱仪上测定的,检测器为 DTGS,扫描次数 32 次,分辨率 4 cm^{-1},扫描范围 1 700~1 400 cm^{-1}。具体操步骤如下:

(1)称取 15 mg 催化剂样品粉末,用压片机(2 MPa)压成直径为 13 mm 左右的圆形薄片。

(2)将催化剂薄片放入原位池中,旋紧螺母,以防漏气。

(3)对催化剂进行抽真空处理(10^{-3} Pa),并以 10 ℃/min 的速率升温至 500 ℃,保持 2 h。

(4)待温度降至室温,稳定 0.5 h 后,采集样品背景的红外光谱图。

(5)在室温下进行吡啶或 2,4,6-三甲基吡啶吸附,待吸附饱和后,升温至 200 ℃并保持 1 h,以除去物理吸附的探针分子。

(6)在室温下测定吸附探针分子后样品的红外光谱图,扣除背景后,即可得吡啶或 2,4,6-三甲基吡啶吸附的红外光谱图。

5.2.3.8 固体核磁(MAS NMR)

固体核磁是在 Varian Infinity-Plus 300 型固体核磁共振仪上进行的,分别对样品中硅、铝、磷等元素的化学环境进行了分析。^{29}Si MAS NMR 核磁共振谱的工作频率为 59.57 MHz,自旋速率 4.0 kHz,脉冲宽度 5 ms,循环延迟 11.0 s,外标物为四甲基硅烷(0×10^{-6});^{27}Al MAS NMR 核磁共振谱的工作频率为 78.13 MHz,自旋速率 8.0 kHz,脉冲宽度 0.5 μs,循环延迟 3.0 s,以 1 mol/L Al(NO$_3$)$_3$ 溶液为外标物(0×10^{-6});31P MAS NMR 核磁共振谱的工作频率为 121.38 MHz,自旋速率 8.0 kHz,脉冲宽度 2 ms,循环延迟 35.0 s,以 85% 的磷酸溶液为外标物(0×10^{-6})。

5.2.3.9 傅里叶红外光谱(FT-IR)

本章采用傅里叶红外光谱(FT-IR)对失活催化剂表面的积碳种类进行了研究。采用 KBr 压片法,首先把一定量的催化剂样品和 KBr (W/W=1∶200)混合均匀,并研磨成粉末;然后取一定量上述混合物,压成直径为 1 cm 的薄片(0.02 g/cm^2),放入 Nicolet 380 红外光谱仪的样品池中,扫面并记录样品的红外光谱图。设定扫描次数为 32,分辨率 4 cm^{-1},扫描范围 4 000～400 cm^{-1}。

5.2.3.10　热重分析(TG)

失活催化剂表面的积碳量是在 Perkin-Elmer Pyris 6 热分析仪上测定的,测定条件为:称取一定量的样品(5～10 g),放入样品池中,通入空气(100 mL/min),以 10 ℃/min 的速率从室温升高到 800 ℃,考察样品质量随温度的变化趋势。

5.2.4　催化剂的活性评价

本章以氧化苯乙烯重排制备苯乙醛为目标反应,在气相条件下,以 N$_2$ 为载气,不加入任何溶剂,对各个催化剂的催化性能进行评价。下面分别对评价装置和反应产物的定性、定量方法进行介绍。

5.2.4.1　评价装置

本实验中,催化剂的活性评价装置为鹏翔科技有限公司生产的固定床反应器,其流程如图 5-2 所示。反应器为管式反应器,采用内径为 9 mm 的不锈钢管加工而成。在低于 600 ℃时,加热炉的恒温区能够保持误差小于 ± 1 ℃,并采用 K 型热电偶控制和测定催化剂床层的温度。

固定床反应器使用的载气为普通氮气,由钢瓶提供,经气路 1 进入系统,并由质量流量计 6 控制流量,而气路 2 始终处于关闭状态;氧化苯乙烯(＞98.0%)经微量进样泵 10 进入混合器 11,在载气的推动下,经预热器 13 预热后进入反应器 15,与催化剂接触并发生反应;反应后的物料经冷凝器 19 冷却后,收集在样品瓶 20 中。每隔一段时间更换样品瓶,然后对其进行定性和定量分析。

所有的催化剂都要制成 20～30 目大小的颗粒,并装填在管式反应器的恒温区。开始反应前,把反应器升温到 500 ℃,并通入氮气,在线预处理 2 h;然后降至反应温度,在载气的推动下,开始进料反应;反应结束后,停止进料,在原反应温度和载气流量下空运行 2 h,尽可能除去催化剂表面吸附的物料;最后卸载催化剂,并对反应器进行清洗。

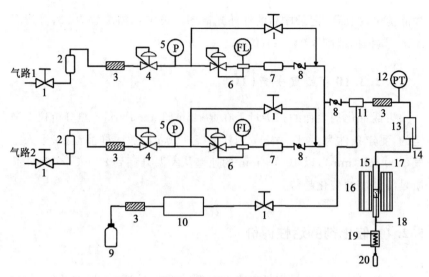

图 5-2　催化剂活性评价装置流程图

1. 截止阀；2. 脱除罐；3. 过滤器；4. 稳压阀；5. 稳压表；6. 质量流量计；

7. 缓冲罐；8. 单向阀；9. 原料瓶；10. 微量进样泵；11. 混合器；12. 压力

传感器；13. 预热器；14. 预热控温热电偶；15. 管式反应器；16. 加热炉；

17. 加热控温热电偶；18. 床层测温热电偶；19. 冷凝器；20. 产品瓶

5.2.4.2　定性分析

本实验采用气相色谱-质谱(GC-MS)对反应流出物中的各个组分进行定性，色谱仪为 Agilent 6890N，质谱仪为 HP73N，分析条件如表 5-2 所示。

表 5-2　GC-MS 分析条件

项目	分析条件
色谱柱	毛细管柱 HP-5 ms(30 m,0.25 mm,0.25 μm)
柱前压	14.5 psi
分流模式	分流,分流比 200 : 1
载气	高纯氦气
恒压或恒流模式	恒压
汽化室温度	250 ℃
柱温	初始温度 90 ℃,保持 6 min,然后以 30 ℃/min 升温至 280 ℃,保持 11 min
离子源	电子轰击型离子源(EI)

经分析,由 TCI(上海)化成工业发展有限公司购买的氧化苯乙烯中含有的主要杂质有苯乙烯、苯甲醛、苯乙醛等;氧化苯乙烯在催化剂上发生重排,反应流出物中主要有苯乙醛、苯乙醛的二聚体(2,4-二苯基-2-丁烯醛)、苯乙醛的三聚体(2,4,6-三苄基-s-三氧杂环己烷)、氧化苯乙烯、苯乙烯、苯甲醛、苯乙二醇等。其中苯乙醛的三聚体在 200 ℃ 就发生分解,很难被 GC-MS 检测到,本章是用傅里叶红外光谱对其进行定性的。

5.2.4.3　定量分析

本实验采用气相色谱(GC,Agilent 6820)对反应流出物的各个组分进行定量分析,分析条件如表 5-3 所示。由于苯乙醛的三聚体在高温下(200 ℃)容易发生分解,所以不能被 GC 检测到,而三聚体在室温下为固体,且在反应产物中的溶解度较低,本章首先对反应产物样品进行过滤、洗涤、干燥,然后对固体进行准确称量,以此来确定三聚体的生成量。氧化苯乙烯的转化率(X)和反应产物 i 的选择性(S_i)分别按式(5-2)、式(5-3)计算。

表 5-3　GC 分析条件

项目	分析条件
色谱柱	毛细管柱 VF-5ms(30 m,0.25 mm,0.25 μm)
进样量	0.2 μL
柱前压	0.1 MPa
分流模式	分流(分流比约为 275:1)
汽化室温度	250 ℃
柱箱温度(程序升温)	初始温度 90 ℃,保持 6 min,然后以 30 ℃/min 升温至 280 ℃,保持 11 min
FID 检测器温度	280 ℃
载气	高纯氮气

$$X = \frac{原料中氧化苯乙烯的量 - 反应产物中氧化苯乙烯的量}{原料中氧化苯乙烯的量} \times 100\%$$

(5-2)

$$S_i = \frac{\text{生产反应产物 i 所消耗的氧化苯乙烯的量}}{\text{原料中氧化苯乙烯的量} - \text{反应产物中氧化苯乙烯的量}} \times 100\%$$

$$(5\text{-}3)$$

催化剂表面的积碳无法用色谱来定量,但由于积碳量相对于反应流出物的量较少,可以忽略不计,因此认为反应进料与流出物的质量守恒。采用与气相色谱仪相配套的软件 Agilent Cerity QA-QC,对 FID 检测器信号进行收集并处理后,可以得到反应流出物中各个组分的峰面积和峰高。本章采用峰面积归一化法对各个组分进行定量,i 组分的质量分数 W_i 的计算公式如(5-4)所示。

$$W_i = \frac{f_i A_i}{\sum_i f_i A_i} \times 100\%$$

$$(5\text{-}4)$$

其中,f_i 为组分 i 的相对质量校正因子,A_i 为组分 i 的色谱峰面积。

由于本实验中所涉及的试剂很难得到标准样品,无法直接测定相对质量校正因子,因此本章采用有效碳数法(Effective Carbon Number,ECN)来估算各个组分的相对质量校正因子,其计算公式如式 5-5 所示。

$$f_i = \frac{ECN_s}{ECN_i} \times \frac{M_i}{M_s}$$

$$(5\text{-}5)$$

其中,f_i 为组分 i 的相对质量校正因子;ECN_s 为基准物 s 的有效碳数;ECN_i 为组分 i 的有效碳数;M_s 为基准物的摩尔质量,g/mol;M_i 为组分 i 的摩尔质量,g/mol。

以正庚烷为基准物,根据有效碳数法计算的各个组分的相对质量校正因子如表 5-4 所示。

表 5-4 各组分的相对摩尔校正因子

物质	有效碳数(ECN)	摩尔质量/(g/mol)	相对质量校正因子(f)
正庚烷	7	100.2	1
氧化苯乙烯	7	120.15	1.2
苯乙醛	7	120.15	1.2
二聚体	14.9	222.28	1.04
苯甲醛	6	106.12	1.24
苯乙烯	7.9	104.14	0.92
苯乙二醇	6.65	138.16	1.45

5.3　结果与讨论

5.3.1　催化剂的组成和物理性质

　　碱处理 HZSM-5 沸石组成和一些物理性质如表 5-5 所示。经 XRF 测定，碱处理 HZSM-5 沸石的 SiO_2/Al_2O_3 比随着碱处理时间的延长而逐渐减小，例如 HZ-at-30 和 HZ-at-60 的 SiO_2/Al_2O_3 分别降至了 123.4 和 104.4；而在碱溶液中处理的时间增加到 120 min 后，沸石的 SiO_2/Al_2O_3 不再减小，还稍有增加，例如，相对于 HZ-at-60，HZ-at-120 的 SiO_2/Al_2O_3 增加到了 105.2。在碱溶液处理过程中，铝原子周围的硅原子（—Si—O—Al—O—Si—）较难发生溶解，而远离铝原子的硅原子（—Si—O—Si—O—Si—）则更容易发生溶解，因此铝原子控制着硅原子选择性地发生脱除[10,11]。在碱溶液处理过程中（30～60 min），大量的硅原子发生脱除，而只有少量的铝原子脱除，因此沸石的 SiO_2/Al_2O_3 随着处理时间的延长而明显减小；当在碱溶液中的处理时间增加到 120 min 时，随着沸石上铝原子的浓度增大，限制了硅原子继续脱除，而已经脱除的一部分铝原子和硅原子能够重新连接到沸石骨架上[12]，所以使得沸石的 SiO_2/Al_2O_3 稍有增加，这可以由下面碱处理沸石的 ^{27}Al MAS NMR 表征得到证实。

表 5-5　母体及磷改性 HZSM-5 沸石的组成及物理性质

催化剂	Si/Al /(mol /mol)	总比表面积/ (m²/g)	微孔比表面积/ (m²/g)	外比表面积/ (m²/g)	总孔体积/ (cm³/g)	微孔体积/ (cm³/g)	介孔体积/ (cm³/g)	孔径分布/nm	相对结晶度/%
HZSM-5	134.6	290.4	274.8	15.6	0.144	0.131	0.013	0.50	100
PZ-at-30	123.4	347.6	243.4	104.2	0.171	0.118	0.053	0.501 3.6	98
PZ-at-60	104.4	339.7	233.5	106.2	0.240	0.096	0.144	0.521 4.5	87
PZ-at-120	105.2	390.8	255.4	135.4	0.332	0.106	0.226	0.541 5.1	96

碱处理 HZSM-5 沸石的 N_2 吸附-脱附等温线如图 5-3 所示。HZ-135 的 N_2 吸附-脱附等温线为典型的 Ⅰ 型吸附等温线（根据 IUPAC 分类），在较低的相对压力下（$p/p_0 = 0.05 \sim 0.35$），N_2 吸附量就快速增加，而在较高相对压力（$p/p_0 > 0.4$）下的 N_2 吸附量变化较为平缓，且没有明显的"滞后环"，说明 HZ-135 含有大量的微孔孔道，且基本上不含有介孔孔道，它的微孔比表面积和微孔体积分别为 274.8 m^2/g 和 0.131 cm^3/g，而外比表面积和介孔体积只有 15.6 m^2/g 和 0.013 cm^3/g。把 HZ-135 沸石在碱溶液中处理后，N_2 吸附量明显提高，且在较高的相对压力下（$p/p_0 > 0.4$）都出现了"滞后环"，说明碱处理沸石中都含有一定的介孔孔道，且它们的外比表面积和介孔体积随着碱处理时间的延长逐渐增大（见表 5-5）。

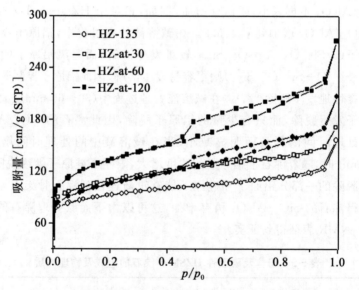

图 5-3　碱处理 HZSM-5 沸石的 N_2 吸附-脱附等温线

另外，碱处理对微孔孔道的影响较小，例如相对于 HZ-135 沸石，HZ-at-30、HZ-at-60 的微孔比表面积只下降了 11%（243.4 m^2/g）和 15%（233.5 m^2/g），且它们的微孔体积也只下降了 10%（0.118 cm^3/g）和 27%（0.096 cm^3/g）；随着延长在碱溶液中的处理时间，即 HZ-at-120，它的微孔比表面积和微孔体积相对于 HZ-at-60 稍有增加，分别达到了 255.4 m^2/g 和 0.106 cm^3/g，这是因为在碱溶液中的处理时间较长时

（≥120 min），一部分发生溶解的铝原子和硅原子重新结晶，形成了新的微孔孔道，这与 Groen 等人[9.12]的研究结果一致。

　　本章还利用 HK 和 BJH 模型分别测定了碱处理 HZSM-5 沸石的微孔和介孔孔径分布，结果如图 5-4 所示。如图 5-4（a）所示，微孔孔径受碱处理的影响较小，只是随着碱处理时间的延长，微孔的最可几孔径稍有增加，例如 HZ-at-30 与母体 HZ-135 的最可几微孔孔径相同，都为 0.50 nm；而 HZ-at-60 和 HZ-at-120 的最可几微孔孔径稍增加到了 0.52 nm 和 0.54 nm，这可能是因为原先分布在微孔孔口处或孔道内的一些硅原子碎片在碱溶液中发生了溶解，使得微孔孔径稍稍增加。如图 5-4（b）所示，HZ-135 沸石上没有明显的介孔，而碱处理沸石上都含有一定的介孔孔道，最可几介孔孔径为 14 nm 左右，且随着碱处理时间的延长，介孔孔径有增大的趋势。

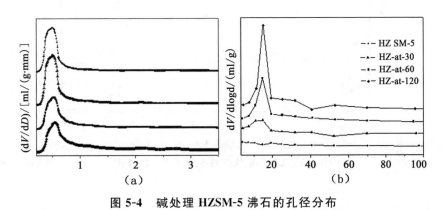

图 5-4　碱处理 HZSM-5 沸石的孔径分布

5.3.2　催化剂的物相结构

　　为了考察碱处理对沸石物相结构的影响，本章对碱处理 HZSM-5 沸石进行了 X-射线多晶粉末衍射测定，结果如图 5-5 所示。

　　通过与标准谱图（JCPDS-PDF：00-049-0657）对比，所有样品的衍射峰均为 MFI 骨架结构的特征衍射峰，没有发现其他相的特征峰，说明碱处理引入的介孔并没有改变沸石的晶相结构。但是碱处理沸石的衍射峰强度有所下降，本章以 HZ-135 为参比，根据 $2\theta=22.5°\sim24.5°$ 的特征衍射峰面积，计算了各个沸石样品的相对结晶度，见表 5-5。HZ-at-30

和 HZ-at-60 的相对结晶度分别下降到了 98％和 87％,说明在碱处理过程中,在硅原子发生脱除的同时,沸石的骨架结构还遭到了一定的破坏,使得沸石晶体的长程有序性下降。但是在碱溶液中处理时间达到 120 min 时,即 HZ-at-120,它的相对结晶度反而提高到了 96％,这是因为一部分发生脱除的铝原子和硅原子重新结晶,修补了沸石晶体的一些缺陷,提高了沸石晶体的长程有序性。

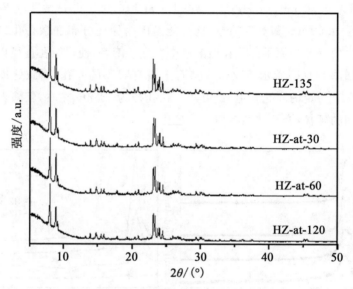

图 5-5　碱处理 HZSM-5 沸石的 XRD 图

5.3.3　催化剂的表面形貌和界面特征

本章利用电子显微技术(SEM 和 TEM)考察了碱处理前后沸石晶体的表面形貌和界面特征,结果分别如图 5-6、图 5-7 所示。

从碱处理 HZSM-5 沸石的 SEM 图(图 5-6)上可以看出,母体 HZ-135 沸石的表面较为平滑,没有明显的介孔。而在碱溶液中处理 30 min 后,即 HZ-at-30,一些沸石颗粒开始从表面发生溶解,粒径有所减小,且形成了较多的碎片,这些碎片无规则地沉积在晶体表面,使沸石表面变得更加粗糙。随着在碱溶液中处理时间的增加,如 HZ-at-60 和 HZ-at-120,一些小的碎片完全溶解并消失,同时在沸石晶体的边缘可以看到大量的凹槽和空洞,直径大小在 14 nm 左右,这与 N₂ 吸附-脱附的测定结果一致。

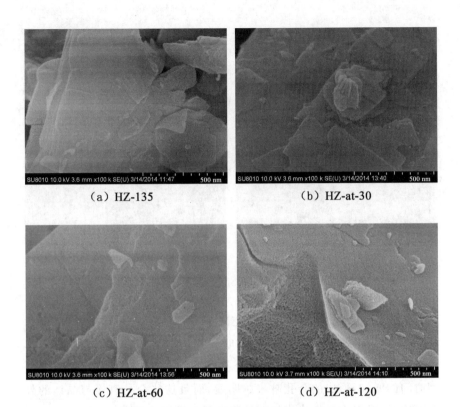

（a）HZ-135　　　　　　　（b）HZ-at-30

（c）HZ-at-60　　　　　　　（d）HZ-at-120

图 5-6　碱处理 HZSM-5 的 SEM 图

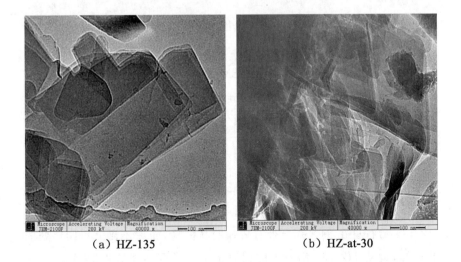

（a）HZ-135　　　　　　　（b）HZ-at-30

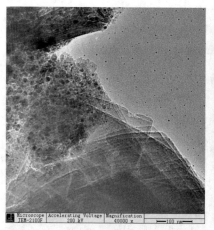
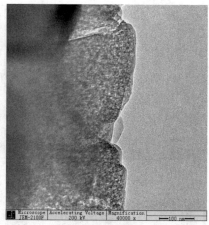

（c）HZ-at-60　　　　　　　　　（d）HZ-at-120

图 5-7　碱处理 HZSM-5 沸石的 TEM 图

从碱处理 HZSM-5 沸石的 TEM 图（图 5-7）上也可以看出，母体 HZ-135 沸石的晶体较为完美，没有明显的介孔。而在碱溶液中处理后，沸石晶体上都形成了一定大小的介孔（直径为 14 nm 左右），随着碱处理时间的增加，形成的介孔越来越明显，而且这些介孔直接与晶体的外表面连通，可以大大加快物料在晶体内部的扩散速率。

5.3.4　催化剂的 ^{27}Al MAS NMR 分析

由 N_2 吸附-脱附（图 5-3）和 SEM（图 5-6）、TEM（图 5-7）的表征结果可知，碱处理使得沸石骨架上的硅原子选择性地发生了脱除，并在晶体内部产生了一定的介孔孔道，为了考察碱处理对沸石上铝原子化学环境的影响，本章测定了碱处理沸石的 ^{27}Al MAS NMR 谱图，如图 5-8 所示。

化学位移为 54×10^{-6} 的共振峰归属为沸石骨架上的四面体铝原子，而 0×10^{-6} 处的共振峰则为非骨架的八面体铝原子产生的[13]。母体 HZ-135 沸石只在 54×10^{-6} 处有较强的共振峰，而看不到 0×10^{-6} 处的共振峰，说明 HZ-135 沸石上的铝原子主要是四面体的骨架铝原子，非骨架铝原子的含量较少。经碱溶液处理后（$30 \sim 60$ min），54×10^{-6} 处共振峰面积的比率稍有减弱,而在 $0×10^{-6}$ 处都可以看到一个较弱的共振峰,且它的面积比率的逐渐增大,说明碱溶液对骨架铝原子的影响较小,基本上不改变骨架铝原子的化学环境,但是在硅原子发生脱除的同时,也有少量的骨架铝原子发生了脱除,沉积在沸石表面,并形成了非骨架铝原子。当在碱溶液中的处理时间达到 120 min 时,即 HZ-at-120,$0×10^{-6}$ 处共振峰面积的比率又有所减小,而 $54×10^{-6}$ 处的共振峰面积的比率增大,说明在碱溶液处理时间较长时($\geqslant$120 min),一部分非骨架铝原子重新插入了沸石骨架,成为四面体的骨架铝原子,进而修补了晶体表面的部分缺陷,提高了沸石晶体的长程有序性,这与 XRD 的表征结果一致。

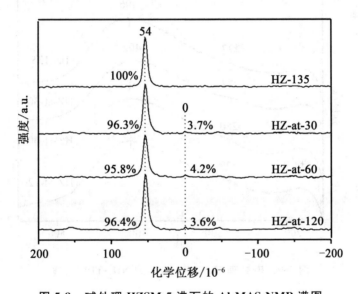

图 5-8　碱处理 HZSM-5 沸石的 Al MAS NMR 谱图

5.3.5　催化剂的酸性

酸性位是催化氧化苯乙烯重排反应的活性中心,由第三章和第四章可知,酸性位的强度、浓度、类型和位置都影响着催化剂的性能,本章分别利用 NH_3-TPD、吡啶和 2,4,6-三甲基吡啶吸附的红外光谱,对碱处理 HZSM-5 沸石的酸性进行了表征。

5.3.5.1 NH₃-TPD

碱处理 HZSM-5 沸石的 NH₃-TPD 曲线如图 5-9 所示，且不同强度酸性位的浓度见表 5-6。所有样品的 NH₃-TPD 曲线均有三个脱附峰，分别在＜200 ℃、277～280 ℃、402～406 ℃。＜200 ℃的脱附峰属于物理吸附的 NH₃，而 277～280 ℃、402～406 ℃的脱附峰分别对应着沸石上的弱酸位和强酸位[14,15]。众所周知，沸石上的强酸位主要是沸石骨架上的桥连羟基（Si-OH-Al）。

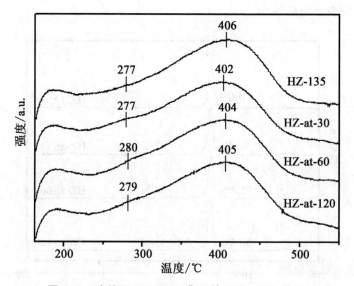

图 5-9　碱处理 HZSM-5 沸石的 NH₃-TPD 曲线

表 5-6　碱处理 HZSM-5 沸石的酸性

催化剂	弱酸位/ (mmol/g)	强酸位/ (mmol/g)	B 酸/ (IA,cm⁻¹)	L 酸/ (IA,cm⁻¹)	外表面酸位/ (IA,cm⁻¹)
HZ-135	0.114	0.256	0.442	0.009	Trace
HZ-at-30	0.136	0.245	0.386	0.013	0.244
HZ-at-60	0.154	0.232	0.347	0.022	0.554
HZ-at-120	0.144	0.254	0.433	0.015	0.311

在碱处理的 HZSM-5 沸石上,强酸位和弱酸位的 NH_3 脱附峰位置基本不发生变化,说明碱处理对酸性位强度的影响较小。但是从表 5-6 中可以看出,碱处理稍稍改变了不同强度酸性位的浓度。强酸位的浓度随着碱处理时间的增加先减小后增大,例如,相对于母体 HZ-135 沸石,HZ-at-30 和 HZ-at-60 上强酸位的浓度分别减小了 4% 和 9%;而 HZ-at-120 上的强酸位浓度相对于 HZ-at-60 却增加了 9%。与强酸位浓度的变化趋势正好相反,弱酸位的浓度随着碱处理时间的增加先增大后减小,其中 HZ-at-60 上弱酸位的浓度最大,为 0.154 mmol/g。由上述[27] Al MAS NMR (图 5-8)的表征结果可知,在碱溶液中的处理时间为 30~60 min 时,在硅原子发生选择性脱除的同时,也有少量的骨架铝原子发生了脱除,并在晶体表面形成了部分缺陷和非骨架铝原子,因而造成强酸位浓度的减小和新的弱酸位形成;当在碱溶液中的处理时间达到 120 min 时,随着碱处理沸石上铝原子的浓度逐渐增大,硅原子的脱除受到限制,另外一部分已经脱除的铝原子和硅原子重新结晶,连接到了沸石骨架上,修补了沸石骨架上的部分缺陷,所以造成强酸位浓度增大和弱酸位浓度减小。

5.3.5.2　吡啶及 2,4,6-三甲基吡啶吸附的红外光谱

本章利用吡啶吸附的红外光谱测定了碱处理 HZSM-5 沸石上的酸类型,如图 5-10 所示。1 545 cm^{-1} 和 1 445 cm^{-1} 分别归属为吡啶分子吸附在 B 酸位(PyH^+)和 L 酸位(PyL)产生的特征红外吸收峰[16]。B 酸位主要来自沸石骨架上的桥连羟基(Si—OH—Al),且为强酸位;而 L 酸位主要来自非骨架铝原子,多为弱酸位[17,18]。1 545 cm^{-1} 处的吸收峰面积随着碱处理时间的延长先减小后增大(表 5-6),说明 B 酸位的浓度也是先减小后增大,这与上述 NH_3-TPD 测定的强酸位浓度的变化趋势相同。1 445 cm^{-1} 处的吸收峰面积随着碱处理时间的延长先增大后减小(表 5-6),这与 NH_3-TPD 测定的弱酸位浓度的变化趋势相同。所有样品在 1 445 cm^{-1} 处的吸收峰都不明显,说明 L 酸位的浓度都较小,沸石上的酸性位以 B 酸位为主。由[27] Al MAS NMR(图 5-8)可知,在碱溶液中处理时间较短时(30~60 min),大量硅原子发生脱除的同时,也有少量的骨架铝原子发生了脱除,并形成了一定的非骨架铝原子,因此 B 酸位的浓度稍微减小,L 酸位的浓度则有所提高;而在碱溶液中

的处理时间达到 120 min 时,已经发生脱除的部分铝原子和硅原子重新结晶,形成了新的骨架结构,所以 B 酸位的浓度有所增大,而 L 酸位的浓度有所减小。

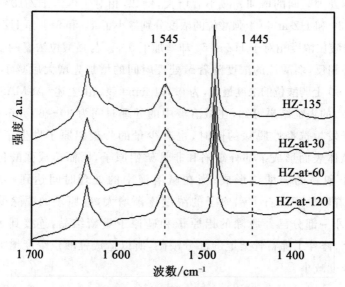

图 5-10   碱处理 HZSM-5 沸石的吡啶吸附红外光谱

沸石外表面上的酸性位没有空间约束,很容易催化生成一些大分子的聚合物,沉积在催化剂表面,并逐渐转化为积碳,导致催化剂的选择性和稳定性下降[19]。本章利用 2,4,6-三甲基吡啶吸附的红外光谱测定了碱处理 HZSM-5 沸石外表面上的酸性位,结果如图 5-11 所示。

由于位阻效应,2,4,6-三甲基吡啶与外表面上 L 酸位的吸附作用较弱,不能呈现出 L 酸位的特征吸收峰[20]。但是由上述吡啶吸附的红外光谱(图 5-10)可知,所有样品上的酸性位都以 B 酸为主,L 酸位可以忽略不计,因此可以用外表面上的 B 酸位代表外表面上的总酸位。如图 5-11,1 638 cm^{-1} 处的红外吸收峰即为 2,4,6-三甲基吡啶吸附在外表面 B 酸位上产生的[21,22]。根据 1 638 cm^{-1} 处特征吸收峰的面积(见表 5-6)可知,母体 HZ-135 沸石只含有极少量的外表面酸性位;而经碱处理后(30~60 min),沸石外表面上的酸性位逐渐增多,这是因为碱处理沸石上含有大量的介孔孔道,使得一部分原先位于内表面上的酸性位暴露在了外表面上;当在碱溶液中的处理时间达到 120 min 时,即 HZ-at-120,

它的外表面酸性位的浓度相对于 HZ-at-60 又有所下降,这是因为一部分已经脱除的铝原子和硅原子重新结晶,连接到了沸石骨架上,修复了骨架的缺陷,使得一部分外表面上的酸性位重新进入了微孔孔道。

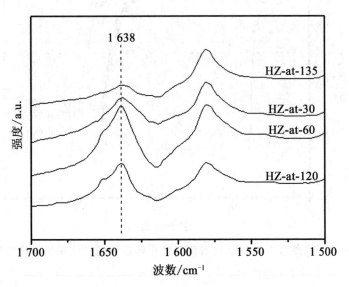

图 5-11　碱处理 HZSM-5 沸石的 2,4,6-三甲基吡啶红外光谱

5.3.6　碱处理 HZSM-5 沸石的活性评价

碱处理改变了 HZSM-5 沸石上酸性位的浓度和位置,且在晶体内部引入了一定的介孔孔道,本节考察了碱处理 HZSM-5 沸石的酸性和介孔孔道对重排反应的影响,并分析了失活催化剂表面的积碳。

5.3.6.1　酸性和介孔孔道对重排反应的影响

碱处理 HZSM-5 沸石催化氧化苯乙烯的转化率随反应时间的变化如图 5-12 所示。所有样品催化氧化苯乙烯的初转化率(TOS＝1.0 h)都大于 99%,不受碱处理改性的影响,但是碱处理沸石的稳定性都得到了明显的提高。为了量化催化剂的稳定性,本章把催化剂的寿命定义为:氧化苯乙烯的初转化率下降 2% 时连续反应的时间,如图 5-12 中的虚线所示。

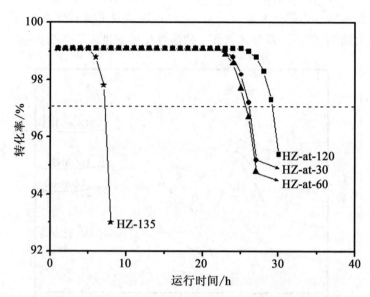

图 5-12　碱处理 HZSM-5 沸石催化氧化苯乙烯的转化率随时间的变化

从图 5-12 中可以看出,碱处理改性大大提高了催化剂的寿命。母体 HZ-135 沸石的寿命只有 7.2 h,而在碱溶液中处理 30 min 后,即 HZ-at-30,催化剂的寿命便提高了约 3.6 倍,达到 26.1 h。由第 3 章可知,氧化苯乙烯的重排反应主要发生在 HZSM-5 沸石的强酸位上,强酸位的强度和浓度都影响着催化剂的寿命。强酸位更容易诱发羟醛缩合或聚合等副反应,在催化剂表面生成大量的聚合物,沉积在催化剂表面并逐渐转化为积碳,导致催化剂快速失活[23,24];而对于相同强度的酸性位,只有当酸性位因积碳失活而减少到一定程度时,氧化苯乙烯的转化率才开始下降,因此催化剂的寿命会随着酸浓度的增加而延长,反之亦然。经 NH_3-TPD 测定,碱处理沸石上强酸位的强度基本上不发生变化,只是强酸位的浓度稍微降低,例如 HZ-135 上强酸位的浓度为 0.256 mmol/g,而 HZ-at-30 上强酸位的浓度稍微减少到了 0.245 mmol/g。单纯从酸性对催化剂寿命的影响来看,这与第三章所得到的结论相矛盾,但是第三章所得结论是建立在所有催化剂样品的物理和孔道性质(比表面积、孔体积、孔径等)都相似的基础上,而由 N_2 吸附-脱附可知,HZ-135 是典型的微孔材料,不含有介孔,而碱处理 HZSM-5 沸石上都含有 14 nm 左右的介孔孔道。文献报道,碱处理产生的介孔孔道能够使气体的扩散速率提高 2 个数量级[25],在催化一系列反应过程中,如异丙基苯裂解[26]、甲烷芳构化[27,28]、丁烯芳构化[29]、正辛烷裂解[30]、苯羟基化[31]、甲醇转化[32,33]等,既具有较高的催化活性,又能抑制积碳的形成,从而提高催化剂的稳定性。由 SEM 和 TEM 分析可知,本章中的碱处理催化剂在晶体内部也形成了一定的介孔孔道,这些介孔直接与晶体的外表面相连通,能够大大加快物料在晶体内部的扩散速率,从而使苯乙醛能够尽快脱离催化剂表面,降低了羟醛缩合或聚合等副反应发生的概率,进而抑制积碳的生成,提高催化剂的稳定性。

在碱溶液中处理不同时间所得催化剂的寿命大小顺序为:HZ-at-120(29.1 h)＞HZ-at-30(26.1 h)＞HZ-at-60(25.6 h)。在碱溶液中的处理时间为 30～60 min 时,在硅原子发生脱除的同时,也有少量的骨架铝原子发生了脱除,使得强酸位的浓度逐渐下降(见表 5-6),所以 HZ-at-60 的寿命稍短于 HZ-at-30;而在碱溶液中处理时间较长时(120 min),部分已经脱除的铝原子和硅原子能够重新结晶,连接到沸石骨架上,使得强酸位的浓度增大(见表 5-6),并修复了沸石骨架上的部分缺陷,所以相对于 HZ-at-30 和 HZ-at-60,HZ-at-120 的寿命有所提高。

氧化苯乙烯在碱处理 HZSM-5 沸石上发生重排反应生成了大量的苯乙醛,其中主要的副产物为苯乙醛的二聚体(2,4-二苯基-2-丁烯醛)和三聚体(2,4,6-三苄基-s-三氧杂环己烷,mp 155～156 ℃),二聚体是苯乙醛经羟醛缩合反应生成的,三聚体则是苯乙醛在酸性位作用下发生三聚反应生成的[34],反应过程如式 5-6 所示。另外,其他副产物,如苯乙烯、苯甲醛、苯乙二醇等,也能够被 GC-MS 检测到,只是这些副产物的含量较少,总选择性还不到1%。

苯乙醛、苯乙醛的二聚体和三聚体在碱处理 HZSM-5 沸石上的选择性随时间的变化如图 5-13 所示。苯乙醛在 HZ-135 沸石上的选择性始终保持在 96% 以上,反应过程中没有三聚体的生成。而在碱处理沸石上,都有三聚体的生成,使得苯乙醛的初选择性(TOS=1.0 h)明显下降,例如苯乙醛在 HZ-at-30、HZ-at-60 和 HZ-at-120 上的初选择性分别下降到 91%、87% 和 89%。三聚体在碱处理沸石上的初选择性(TOS=1.0 h)大小顺序为 HZ-at-30(6.3%)＜HZ-at-120(7.5%)＜HZ-at-60(9.5%),这正好与催化剂外表面酸性位的量(见表 5-6)相对应,由此可以断定,苯乙醛的三聚反应主要发生在催化剂外表面的酸性位上。母体 HZ-135 沸石只含有极少量的外表面酸性位,不足以催化苯乙醛发生三聚反应,所以反应过程中没有三聚体的生成;而经碱处理后(30～60 min),大量的硅原子发生脱除,并在晶体内部产生了一定的介孔孔道,使得一部分原先位于微孔表面上的酸性位暴露在了外表面上,并且随着碱处理时间的增加,外表面酸性位的量逐渐增多,这些外表面酸性位都能够催化苯乙醛发生三聚反应,而且三聚体在 HZ-at-60 上的生成量大于 HZ-at-30;当在碱溶液中的处理时间达到 120 min 时,即 HZ-at-120,一部分已经脱除的铝原子和硅原子重新结晶,连接到了沸石骨架上,修复了骨架的部分缺陷,一部分外表面上的酸性位重新进入了微孔孔道,使得 HZ-at-120 上外表面酸性位的浓度相对于 HZ-at-60 有所下降,所以三聚体在 HZ-at-120 上的生成量低于 HZ-at-60。另外,在 HZ-at-30、HZ-at-60、HZ-at-120 上连续反应一段时间后,三聚体的选择性都减小到了 0,同时苯乙醛的选择性提高到 96% 以上,这是因为外表面上的酸性位不受空间和扩散限制,往往比微孔孔道内的酸性位优先失活[19],所以苯乙醛的三聚反应只发生在了重排反应的初期阶段。

二聚体在所有催化剂样品上的选择性都保持在 1%～3%(如图 5-13 所示),说明苯乙醛的羟醛缩合反应与沸石孔道和酸性的变化无关,这可能是一个由热力学控制的自发过程。

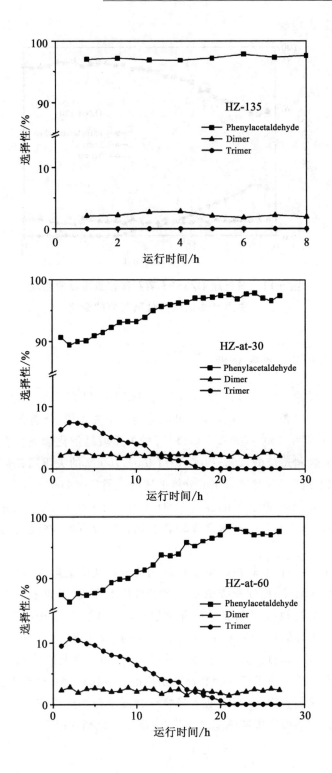

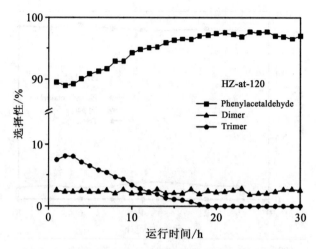

图 5-13　碱处理 HZSM-5 沸石催化重排反应生成
主要产物的选择性随时间的变化

5.3.6.2　积碳分析

在同样的条件下连续反应 8 h 后,HZ-135 和 HZ-at-30 沸石的 TG 曲线如图 5-14 所示。TG 曲线均可以分为三个失重段,分别在<200 ℃、200～400 ℃ 和 400～700 ℃,<200 ℃ 的失重段是催化剂失去表面水分和易挥发物料造成的,200～400 ℃ 和 400～700 ℃ 的失重段是催化剂表面的积碳在高温下发生氧化或分解造成的。通常把 200～400 ℃ 脱除的积碳称为软积碳,在较低的温度下即可除去;把 400～700 ℃ 脱除的积碳称为硬积碳,主要是一些聚合度较高的化合物或石墨,在较高的温度下才能脱除。

由第 4 章可知,软积碳主要在催化剂的弱酸位上形成,对催化剂稳定性的影响较小;而硬积碳则主要在强酸位上形成,阻碍了反应物分子与强酸位的接触,大大降低了催化剂的活性。从图 5-14 中可以看出,在同样条件下连续反应 8 h 后,HZ-at-30 上的硬积碳量比 HZ-135 减少了近 3 倍,说明碱处理沸石上的积碳速率明显下降,这是因为碱处理沸石上的介孔孔道加快了反应物料在孔道内的扩散速率,使反应产物能够尽快脱离催化剂表面,从而降低了羟醛缩合或聚合等副反应发生的概率,使得催化剂表面积碳速率随之下降,提高了催化剂的稳定性。

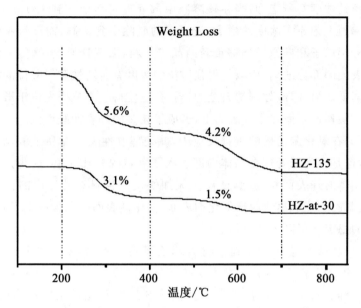

图 5-14　HZ-135 和 HZ-at-30 沸石的 TG 曲线(连续反应 8 h)

5.4　结　论

　　本章用碱处理方法在 HZSM-5 沸石($SiO_2/Al_2O_3 = 135$)晶体内部引入了一定的介孔孔道,制成了多级孔道结构的沸石(Hierarchical zeolites),采用 XRF、N_2 吸附-脱附、XRD、^{27}Al MAS NMR、NH_3-TPD、吡啶及 2,4,6-三甲基吡啶吸附的红外光谱对沸石的孔道结构和酸性进行了表征,并考察了碱处理沸石在氧化苯乙烯重排反应中的催化性能,得到的主要结论如下:

　　(1)碱处理沸石晶体内部都形成了一定的介孔孔道(14 nm 左右),外比表面积和介孔体积都随着碱处理时间的延长逐渐增大,但是碱处理对微孔孔道的影响较小。

　　(2)碱处理对沸石上酸性位强度的影响较小,但是却稍微改变了酸性位的浓度。当在碱溶液中处理时间为 30~60 min 时,在硅原子发生脱除的同时,也有少量的骨架铝原子发生了脱除,并在沸石晶体表面形成了一定的缺陷和非骨架铝原子,所以沸石上强酸位的浓度有所减小和弱酸位的浓度有所增加;当在碱溶液中的处理时间增加到 120 min 时,随着沸石上铝原子浓度的增大,硅原子的脱除受到限制,而已经脱除的一部分铝原子和硅原子能够重新结晶,连接到沸石骨架上,修复了沸石晶体表面的部分缺陷,所以使得强酸位的浓度有所增加和弱酸位的浓度有所降低。另外,碱处理沸石上的介孔孔道使得一部分原先位于微孔表面上的酸性位暴露在了外表面上,形成了较多的外表面酸性位。

(3)在氧化苯乙烯的重排反应中,碱处理改性大大提高了催化剂的寿命,这是因为碱处理在晶体内部引入了一定的介孔孔道,这些介孔直接与晶体的外表面相连通,能够大大加快反应物料在孔道内的扩散速率,使苯乙醛能够尽快脱离催化剂表面,催化剂表面的积碳速率下降,催化剂的稳定性提高了近四倍。

(4)重排反应的主要副产物为苯乙醛的二聚体(2,4-二苯基-2-丁烯醛)和三聚体(2,4,6-三苄基-s-三氧杂环己烷)。二聚体是苯乙醛通过羟醛缩合反应生成的,基本不受催化剂酸性和孔道结构的影响;三聚体则是苯乙醛在催化剂外表面的酸性位上发生三聚反应生成的。母体 HZ-135 沸石只含有极少量的外表面酸性位,没有三聚体的生成;而碱处理沸石上的外表面酸性位较多,都能够催化苯乙醛发生三聚反应,使得苯乙醛的选择性有所下降。

参考文献

[1] W.F.Hölderich,U.Barsnick.Rearrangement of epoxides,in:R.A.Sheldon,H.van Bekkum(Eds.)Fine chemicals through heterogeneous catalysis[J].Weinheim, 2001:217-231.

[2] V.V.Costa,K.A.da Silva Rocha,I.V.Kozhevnikov,et al.Isomerization of styrene oxide to phenylacetaldehyde over supported phosphotungstic heteropoly acid[J].Appl. Catal.A:Gen.,2010,383:217-220.

[3] W.Hoelderich,N.Goetz,L.Hupfer,et al.phenylacetaldehydes and the preparation of phenylacetaldehydes[P].Basf Ag(Badi),US patent,1993.

[4] W.Hoelderich,N.Goetz,H.Lermer.preraration of aldehydes and/or ketones bu conversion of epoxides[P].US patent,1990.

[5] B.G.Pope.Production of arylacetaldehydes,Dow Chem Co(Dowc)[P].US patent,1987.

[6] H.Smuda,W.Hoelderich,N.Goetz,et al.Preparation of phenylacetaldehydes[P]. Basf Ag (Badi),US patent,1990.

[7] S.van-Donk,A.H.Janssen,J.H.Bitter,K.P.de-Jong,Generation,characterization, and impact of mesopores in zeolite catalysts[J].Catalysis Reviews,2003,45:297-319.

[8] K.Egeblad,C.H.Christensen,M.Kustova.Templating Mesoporous Zeolites[J]. Chemistry of materials,2007,20:946-960.

[9] J.C.Groen,J.A.Moulijn,J.Pérez-Ramírez.Desilication:on the controlled generation of mesoporosity in MFI zeolites[J].J.Mater.Chem.,2006,16:2121-2131.

[10] J.C.Groen,L.A.A.Peffer,J.A.Moulijn,et al.Mesoporosity development in ZSM-5 zeolite upon optimized desilication conditions in alkaline medium[J].Colloids and Surfaces A:Physicochemical and Engineering Aspects,2004,241:53-58.

[11] J.C.Groen,J.C.Jansen,J.A.Moulijn,et al.Optimal aluminum-assisted mesoporosity development in MFI zeolites by desilication[J].The Journal of Physical Chemistry B,2004,108:13062-13065.

[12] J.C.Groen,L.A.A.Peffer,J.A.Moulijn,et al.Mechanism of hierarchical porosity development in MFI zeolites by desilication:The role of aluminium as a pore-directing agent[J].Chem.Eur.J.,2005,11:4983-4994.

[13] G.Lietz,K.H.Schnabel,C.Peuker,et al.Modifications of H-ZSM-5 catalysts by NaOH treatment[J].J.Catal.,1994,148:562-568.

[14] P.L.Tan,Y.L.Leung,S.Y.Lai,et al.The effect of calcination temperature on the catalytic performance of 2 wt.% Mo/HZSM-5 in methane aromatization[J]. Appl.Catal.A,2002,228:115-125.

[15] L.Tao,L.Chen,S.F.Yin,et al.Catalytic conversion of CH_3Br to aromatics over PbO-modified HZSM-5[J].Appl.Catal.A:Gen.,2009,367:99-107.

[16] R.J.Kalbasi,M.Ghiaci,A.R.Massah.Highly selective vapor phase nitration of toluene to 4-nitro toluene using modified and unmodified H_3PO_4/ZSM-5[J]. Appl.Catal.A,2009,353:1-8.

[17] J.L.Motz,H.Heinichen,W.F.Hölderich.Direct hydroxylation of aromatics to their corresponding phenols catalysed by H-[Al] ZSM-5 zeolite[J].J.Mol.Catal. A:Chem,1998,136:175-184.

[18] J.A.van-Bokhoven,M.Tromp,D.C.Koningsberger,et al.An explanation for the enhanced activity for light alkane conversion in mildly steam dealuminated mordenite:The dominant role of adsorption[J].J.Catal.,2001,202:129-140.

[19] W.Ding,G.D.Meitzner,E.Iglesia.The effects of silanation of external acid sites on the structure and catalytic behavior of Mo/H-ZSM5[J].J.Catal.,2002,206: 14-22.

［20］S.Inagaki,K.Kamino,E.Kikuchi,et al.Shape selectivity of MWW-type alumino-silicate zeolites in the alkylation of toluene with methanol［J］.Appl.Catal.A,2007,318:22-27.

［21］F.Thibault-Starzyk,A.Vimont,J.P.Gilson.2D-COS IR study of coking in xylene isomerisation on H-MFI zeolite［J］.Catalysis Today,2001,70:227-241.

［22］M.S.Holm,S.Svelle,F.Joensen,et al.Assessing the acid properties of desilicated ZSM-5 by FTIR using CO and 2,4,6-trimethylpyridine (collidine) as molecular probes［J］.Appl.Catal.A:Gen.,2009,356:23-30.

［23］I.Salla,O.Bergada,P.Salagre,et al.Isomerisation of styrene oxide to phenylacet-aldehyde by fluorinated mordenites using microwaves［J］.J.Catal.,2005,232:239-245.

［24］M.D.González,Y.Cesteros,P.Salagre,et al.Effect of microwaves in the dealu-mination of mordenite on its surface and acidic properties［J］.Microporous Me-soporous Mater.,2009,118:341-347.

［25］J.C.Groen,W.Zhu,S.Brouwer,et al.Direct demonstration of enhanced diffusion in mesoporous ZSM-5 zeolite obtained via controlled desilication［J］.J.Am.Chem.Soc.,2007,129:355-360.

［26］M.Ogura,S.Shinomiya,J.Tateno,et al.Alkali-treatment technique--new method for modification of structural and acid-catalytic properties of ZSM-5 zeolites［J］.Appl.Catal.A,2001,219:33-43.

［27］L.Su,L.Liu,J.Zhuang,et al.Creating mesopores in ZSM-5 zeolite by alkali treat-ment:a new way to enhance the catalytic performance of methane dehydroaro-matization on Mo/HZSM-5 catalysts［J］.Catalysis Letters,2003,91:155-167.

［28］Y.Song,C.Sun,W.Shen,et al.Hydrothermal post-synthesis of HZSM-5 zeolite to enhance the coke-resistance of Mo/HZSM-5 catalyst for methane dehydroar-omatization［J］.Catalysis Letters,2006,109:21-24.

［29］Y.Song,X.Zhu,Q.Wang,et al.An effective method to enhance the stability on-stream of butene aromatization:Post-treatment of ZSM-5 by alkali solution of sodium hydroxide［J］.Applied Catalysis A:General,2006,302:69-77.

［30］J.S.Jung,J.W.Park,G.Seo.Catalytic cracking of n-octane over alkali-treated MFI zeolites［J］.Applied Catalysis A:General,2005,288:149-157.

［31］S.Gopalakrishnan,A.Zampieri,W.Schwieger.Mesoporous ZSM-5 zeolites via al-kali treatment for the direct hydroxylation of benzene to phenol with N_2O［J］.Journal of Catalysis,2008,260:193-197.

［32］C.Mei,P.Wen,Z.Liu,et al.Selective production of propylene from methanol:Mesoporosity development in high silica HZSM-5［J］.J.Catal.,2008,258:243-249.

［33］J. Kim, M. Choi, R. Ryoo. Effect of mesoporosity against the deactivation of MFI zeolite catalyst during the methanol-to-hydrocarbon conversion process, Journal of Catalysis, 2010, 269：219-228.

［34］J. L. E. Brickson, G. N. Grammer. The spontaneous polymerization of phenylacet-aldehyde［J］. J. Am. Chem. Soc., 1958, 80：5466-5469.